信息安全技术丛书

Nmap 渗透测试指南

商广明 编著

人 民 邮 电 出 版 社
北 京

图书在版编目（CIP）数据

Nmap渗透测试指南 / 商广明编著. -- 北京 : 人民邮电出版社, 2015.10
ISBN 978-7-115-40395-7

Ⅰ. ①N… Ⅱ. ①商… Ⅲ. ①计算机网络－安全技术－指南 Ⅳ. ①TP393.08-62

中国版本图书馆CIP数据核字(2015)第225785号

内 容 提 要

本书专门介绍Nmap渗透测试的有关内容，全书共分12章，从最基础的Nmap下载、安装开始介绍，由浅入深地对Nmap的功能作了完整详细的说明。同时书中还包括了大量的实践案例，更有利于读者对Nmap使用的理解。本书主要内容包括：Nmap基础、Nmap工作原理、扫描指定段、Nmap主机发现、TCP ACK Ping扫描、ARP Ping扫描、路由跟踪、探索网络、从Nmap识别端口状态、隐蔽扫描、指纹识别与探测、重量级扫描、调整探测报文的并行度、防火墙/IDS逃逸、源端口欺骗、信息收集、检索系统信息、数据库渗透测试、渗透测试、Zenmap应用、Nmap技巧、Nmap保存和输出等核心技术。

本书适合计算机安全爱好者、程序员、计算机安全研究人员的参考用书，也适合大专院校相关专业师生的学习用书和培训学校的教材。

◆ 编　　著　商广明
责任编辑　张　涛
责任印制　张佳莹　焦志炜

◆ 人民邮电出版社出版发行　北京市丰台区成寿寺路11号
邮编　100164　电子邮件　315@ptpress.com.cn
网址　http://www.ptpress.com.cn
固安县铭成印刷有限公司印刷

◆ 开本：800×1000　1/16
印张：17.5　　2015年10月第1版
字数：316千字　　2024年7月河北第14次印刷

定价：49.00元

读者服务热线：(010)81055410　印装质量热线：(010)81055316
反盗版热线：(010)81055315

推 荐 序

当你看了《黑客帝国 2》《谍影重重 3》《虎胆龙威 4》这些耳熟能详的好莱坞巨片时，你想到了什么？也许是梦幻般的科幻镜头，也许是刺激的动作，还可能是暴力！而我想到了一个“伟大的工具”，它便是由 Gordon Lyon 先生创建并维护的著名安全工具——Nmap。在上面提到的这些好莱坞巨片中均出现过黑客们使用 Nmap 的镜头。而据 nmap.org 官方统计，各种出现 Nmap 镜头的影片有 17 部以上。

我之所以把 Nmap 称为“伟大的工具”，有以下几点原因。

- 第一个原因是它的“年龄”。Nmap“诞生”于 1996 年，目前已经 18 岁。但在这个信息爆炸的互联网时代，Nmap 依然保持着充沛的活力以及旺盛的生命力！Nmap 至今依然保持着平均 2 至 3 个月更新一次版本的速度成长着。而几乎所有黑客还非常频繁地使用着它。
- 第二个原因是它的“知名度”。Nmap 的知名度让我有胆量可以在这样一个公开场合告诉大家，如果某人不知道 Nmap，那么他绝对不可能被称为一名黑客。Nmap 绝对是著名的网络安全工具！
- 第三个原因是它强大的“功能”。也许 Nmap 在不少人眼中是一个网络端口扫描以及远程操作系统、服务鉴别工具。其实除了这些基础功能外，Nmap 还具备有相对完整的信息收集、数据库渗透、网络渗透测试等功能。Nmap 在强大的脚本支持下几乎可以做到我们想做的任何网络扫描测试。
- 第四个原因是它传奇般的“家族”。Nmap 的“兄弟”包括 NetCat（另一个神奇的工具）、Nping 以及 Zenmap，Nmap 的“姐妹”包括 Nmap.Org、SecLists.Org、SecTools.Org、Insecure.Org 等著名网络安全站点。
- 第五个原因是它伟大的“精神”。Nmap 是网络安全业界坚持 GNU GPL 并一直开放源代码的典范之一，它在 18 年间一直是“黑客精神”的最好典范之一。

基于以上原因，我建议所有对网络以及网络安全有兴趣的朋友必须了解并熟练使用 Nmap。此书是我见过的第一本由中国人编写并公开发行的 Nmap 专著。本书从最基础的 Nmap 下载、安装开始介绍，通过 12 个章节由浅入深地对 Nmap 的功能作了完整详细的说明。同时书中还包括了大量的实践案例，更有利于读者对 Nmap 使用的理解。

因此，我认为本书是网络安全新手入门的必备读物之一，也是网络安全从业人员的常备工具书之一。如果需要我对此书提出建议的话，我建议售价更低一些，让更多的读者能够购买它，让更多有兴趣的朋友可以进入网络安全这个人才奇缺的行业。

彭泉，中国黑客的探索者，知名信息安全专家，网名 PP

前　　言

我很荣幸可以撰写国内第一本有关 Nmap 的书籍。在众多的书籍之中，与渗透有关的书籍比比皆是，有介绍工具的书籍，也有介绍技巧的书籍，可偏偏没有一本介绍 Nmap 的书籍。宏观看来，在国内，大多数安全人员仅用 Nmap 进行端口扫描，这让一款优秀强大的工具失去了本应该有的光彩与能力。

渗透技术更像是一本失传已久的“武林秘籍”，大家无不争相修炼。渗透技术已从单纯的技术交流演变为黑色产业链，经历了许多坎坷。安全技术是一把双刃剑，伤人也会伤己，利用得当就会保障网络安全，否则会破坏网络安全。随着“江湖”上的各类黑客层出不穷，渗透技术出现了低端化的趋势，越来越多的人投入到技术的海洋中，近些年，黑客工具的不断涌现使网络安全形势堪忧，这种状况让现在很多企业、公司越来越重视网络安全。

Nmap 具有强大的功能及应对渗透测试的能力，随着近几年的发展 Nmap 不断成熟，从只能扫描端口的小工具逐步成为了现在进行渗透测试时不可或缺的部分，日益扮演着越来越重要的角色。虽然如此，很多人并没有转变对 Nmap 的认识，他们对 Nmap 的使用也仅仅局限于对端口的扫描。这并不能将 Nmap 的功能发挥出来，Nmap 蕴藏的能量或许超乎你的想象。

我在撰写这本书的时候经常与 Nmap 参考指南（Man Pege）的作者 Fyodor 先生和 Fei Yang 先生聊起书中的内容，他们希望我更多地去参考、引用 Nmap 参考指南（Man Pege）的内容，以便可以更好地帮助读者了解并使用 Nmap，所以，我在本书的前一部分引用了 Nmap 参考指南（Man Pege）的内容并与 Fyodor 先生和 Fei Yang 先生探讨其中的一部分细节，这里再次感谢 Fyodor 先生与 Fei Yang 先生对 Nmap 的贡献。

我时常用一句诗来形容渗透技术——“路漫漫其修远兮，吾将上下而求索”，这句诗出自屈原的《离骚》，意为：在追寻真理方面，前方的道路还很漫长，但我将百折不挠，不遗余力地去追求和探索。追求真理如此，追求渗透技术亦是如此。渗透技术无疑是一本上乘“武林秘籍”，想要悟透其中道理已是不易，若想将渗透技术修炼得出神入化，这其中还有很长的道路要走。学习渗透技术应该有百折不挠、不遗余力的精神，希望这本书可以起到抛砖引玉的作用，也希望各位“道友”可以有一本参考的资料。本书将 Nmap 进行了较为详细的剖析，剖析 Nmap

的各个功能以及在实战中的使用方式。也希望业界“大牛”可以撰写出更为精彩和详细的文章与我们分享。

感谢

首先我要感谢我的父母，感谢他们含辛茹苦地把我抚养长大，感谢在这 20 多年中对我的谆谆教导，正是他们的鼓励让我顺利编写完此书；感谢爷爷、奶奶在背后的支持；感谢婧婧在我编写本书时的陪伴，每当编写进入困境时，婧婧总是很有耐心地劝导我、鼓励我；感谢 Fyodor 先生与 Fei Yang 先生的支持；感谢人民邮电出版社编辑老师不辞辛苦地审稿，共同与我解决本书的问题；感谢 PP 先生为此书写序并指导！

读者对象

网络与系统安全领域的技术爱好者与学生。

渗透测试、漏洞分析研究与网络安全管理方面的从业人员。

开设信息安全、网络安全与执法等相关专业的高等院校的本科生及研究生。

期望在信息安全领域就业的技术人员。

想成为一位自由职业渗透测试师的人。

指正

本书编写之处不免会有用词或表达方面的问题，请读者发现后及时与我联系，笔者恳请读者对本书批评指正。编辑联系邮箱：zhangtao@ptpress.com.cn。

赠言

技术在于不断地追求与探索！

——商广明

非宁静无以致远 非淡泊无以明志

目录

第1章　Nmap 基础学习

本章知识点

- Nmap 介绍
- Windows 下安装 Nmap
- Linux/Unix 源码编译安装 Nmap
- Linux 通过 RPM 软件包安装 Nmap
- Mac OS 安装 Nmap
- Nmap 语法
- Nmap 全面扫描
- Nmap 扫描指定段

本章节将介绍在几大主流平台中如何安装 Nmap，并介绍多种安装方式，通过对每一步的演示进行解说，让初学者可以很快地掌握安装 Nmap 技巧，以及如何简单地使用 Nmap 扫描一个目标地址、一个 IP 段，从而迈入 Nmap 渗透测试的大门。

本章选项

表 1.1　　第一章所需选项

选　项	解　释
-A	全面扫描/综合扫描

1.1 Nmap 介绍

Nmap 的英文全称是“Network Mapper”，中文为“网络映射器”。Nmap 是一款开放源代码的网络探测和安全审核的工具，它的设计目标是快速地扫描大型网络，当然用它扫描单个主机也没有问题。Nmap 以新颖的方式使用原始 IP 报文来发现网络上有哪些主机，这些主机提供什么服务（应用程序名和版本），服务运行在什么操作系统（包括版本信息），它们使用什么类型的报文过滤器/防火墙，以及一些其他功能。虽然 Nmap 通常用于安全审核，许多系统管理员和网络管理员也用它来做一些日常的工作，比如查看整个网络的信息、管理服务升级计划，以及监视主机和服务的运行。

Nmap 的基本功能有 3 个，一是探测一组主机是否在线，其次是扫描主机端口，嗅探所提供的网络服务，还可以推断主机所用的操作系统。Nmap 可用于扫描仅有两个节点的 LAN，直至 500 个节点以上的网络。Nmap 还允许用户定制扫描技巧。通常，一个简单的使用 ICMP 协议的 Ping 操作可以满足一般需求；也可以深入探测 UDP 或者 TCP 端口，直至主机所使用的操作系统；还可以将所有探测结果记录到各种格式的日志中，供进一步分析操作。

Nmap 输出的是扫描目标的列表，以及每个目标的补充信息，至于是哪些信息则依赖于所使用的选项。Open（开放的）意味着目标机器上的应用程序正在该端口监听连接/报文。Filtered（被过滤的）意味着防火墙，过滤器或者其他网络障碍阻止了该端口被访问，Nmap 无法得知它是 Open（开放的）还是 Closed（关闭的）。Closed（关闭的）端口上面没有应用程序监听，但是它们随时可能开放。

Nmap——Script 功能的使用。在 Nmap 的安装目录的 share/nmap/scripts 中，已经有多种写好的脚本提供，使用这些脚本可以轻易地发起渗透测试。

1.2 Windows 下安装 Nmap

Nmap 可以运行在所有的 Windows NT 版本中，包括 Windows 2000、Windows XP、Windows 2003、Windows Vista、Windows 7 等。

在浏览器中打开 nmap 官方网站，在 Microsoft Windows binaries 中选择下载。

下载完毕后双击安装文件即可安装。

如图 1.1 所示，阅读 Nmap 许可协议，点击“I Agree”进行下一步安装。

如图 1.2 所示，选择所需要安装的组建，如果不需要安装某些组件可以勾选掉，一般默认安装所有组件，确实无误后点击“Next”进行下一步安装。

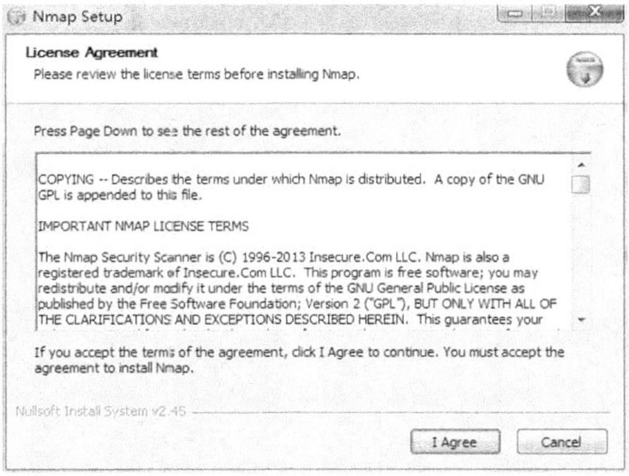

▲图 1.1　Nmap 许可协议

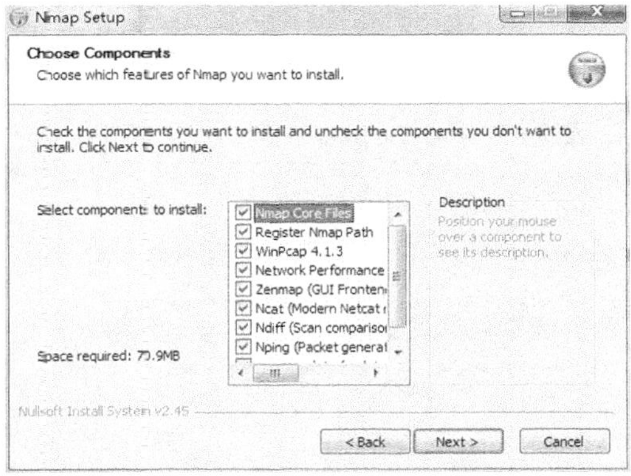

▲图 1.2　Nmap 组件选择

如图 1.3 所示，选择 Nmap 安装路径，一般保持默认即可。

如图 1.4 所示，Nmap 正在安装中。

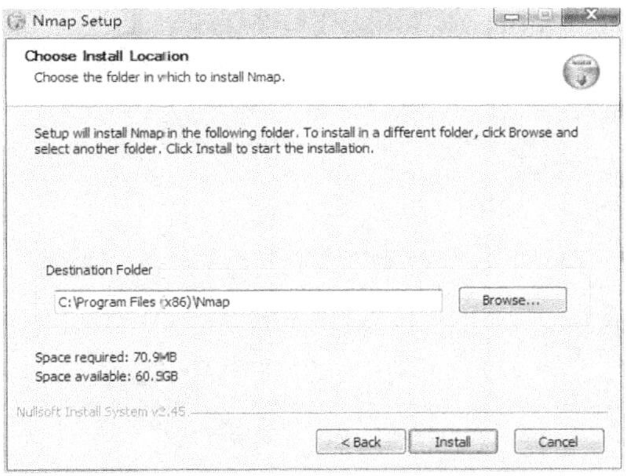

▲图 1.3　Nmap 安装路径

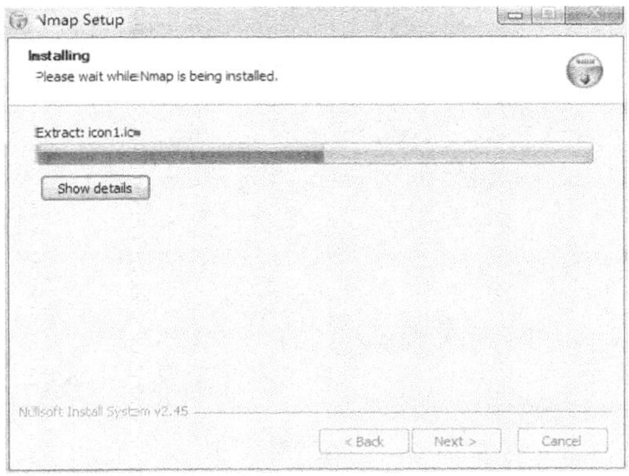

▲图 1.4　Nmap 安装

如图 1.5 所示，在 Nmap 安装过程中会弹出对话框，询问某些组件的许可协议，选择“I Agrree”进行安装。

如图 1.6 所示，选择“Next”进行下一步安装。

如图 1.7 所示，选择您所需要的选项，点击“Next”进行下一步。

如图 1.8 所示，点击“Finish”完成安装。

在如图 1.9 所示的对话框中选择创建快捷方式，这里保持默认，点击“Next”进行下一步安装。

如图 1.10 所示，点击“Finish”完成安装。

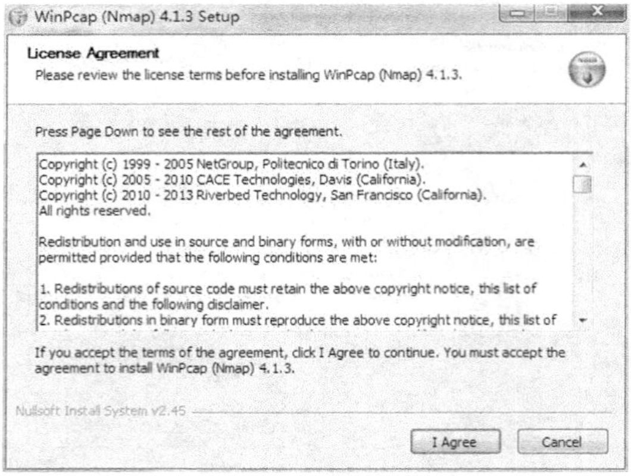

▲图 1.5 Nmap 组件许可

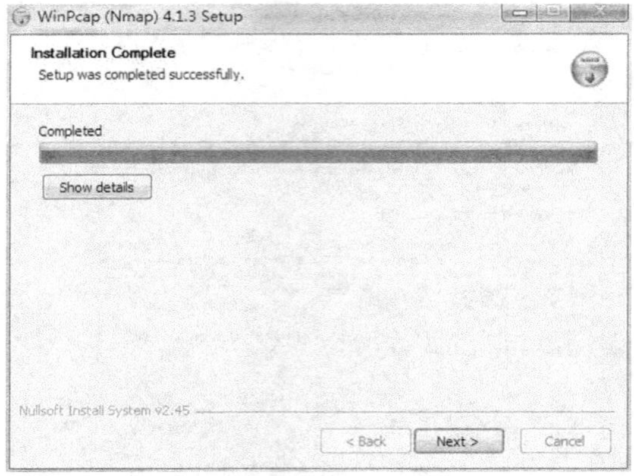

▲图 1.6 Nmap 安装

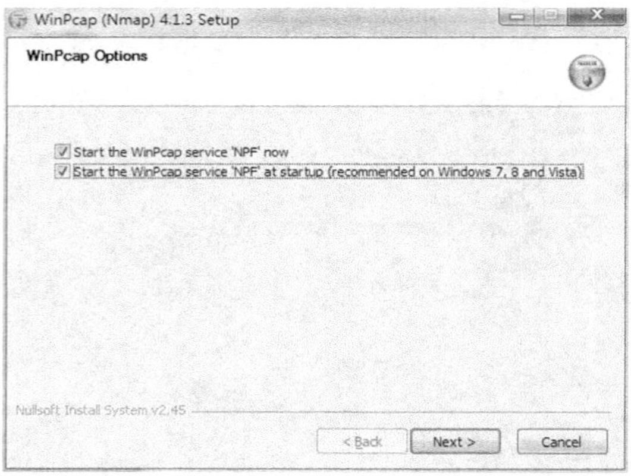

▲图 1.7 Nmap 选项选择

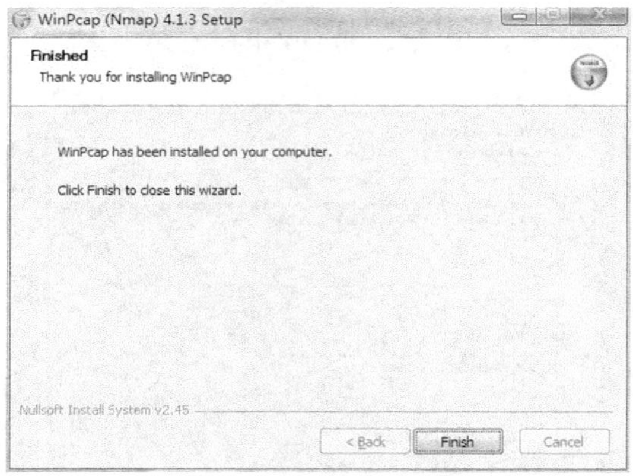

▲图 1.8 Nmap 安装完成

▲图 1.9 Nmap 创建快捷方式

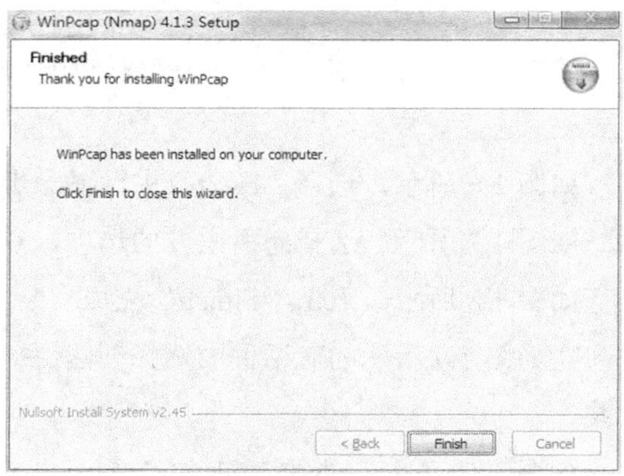

▲图 1.10 Nmap 安装完成

1.3 Linux/Unix 源码编译安装 Nmap

在 Linux/Unix 中我们可以很方便地通过源码编译安装 Nmap，首先在 nmap 官方网站中选择源码进行下载。下载完毕后首先解压压缩包。

```
root@ubuntu:/home# bzip2 -cd nmap-6.46.tar.bz2 | tar xvf -
nmap-6.46/zenmap/zenmapCore/I18N.py
nmap-6.46/zenmap/zenmapCore/Version.py
nmap-6.46/zenmap/zenmapCore/Paths.py
nmap-6.46/zenmap/COPYING_HIGWIDGETS
…省略…
root@ubuntu:/home#
```

切换到 Nmap 目录进行编译。

```
root@ubuntu:/home# cd nmap-6.46
root@ubuntu:/home/nmap-6.46# ./configure
…省略…
checking whether we are using the GNU C++ compiler... no
checking whether g++ accepts -g... no
no
configure: creating ./config.status
config.status: creating Makefile
config.status: WARNING:  'Makefile.in' seems to ignore the --datarootdir setting
config.status: creating config.h
          .      .
          \`-"'"-'/
           } 6 6 {
          ==. Y ,==
            /^^^\  .
           /    \  )  Ncat: A modern interpretation of classic Netcat
          (  )-(  )/
          -""---""---   /
         /   Ncat    \_/
         (    ____
         \_.=|____E
Configuration complete.
   (  )  /\   _               (
    \ |  ( \ ( \.(               )                  _____
  \  \ \  `  `   ) \           (  ___               / _   \
 (_`    \+   . x  ( .\           \/   \____-----------/ (o)   \_
- .-             \+  ;         (  O                      \____
(__              +- .( -'.- <.    \_______________   `          \  /
(______          ._._: <_ - <- _- _  VVVVVVV VV V\              \/
  .   /./.+-  . .- /  +--  - .    (--_AAAAAAA__A_/              |
  (__ ' /x  / x _/ (              \_______________//_            \________
```

```
 , x / ( ' . / . /                                 \___'        \     /
    / / _/ /    +                                    |         \   /
   '  (__/                                          /           \/
                                                  /              \
           NMAP IS A POWERFUL TOOL -- USE CAREFULLY AND RESPONSIBLY
Configuration complete.  Type make (or gmake on some *BSD machines) to compile.
root@ubuntu:/home/nmap-6.46# make
root@ubuntu:/home/nmap-6.46# make install
```

编译完成后就可以使用 Nmap 进行渗透测试。

1.4 Linux 通过 RPM 软件包安装 Nmap

在 nmap 官方网站的页面下载 RPM 安装包，查看一下 RPM 安装包并安装。

```
root@ubuntu:~# cd /home/
root@ubuntu:/home# ls
apache  nmap-6.46-1.i386.rpm
root@ubuntu:/home# rpm -ivh nmap-6.46-1.i386.rpm
```

1.5 Mac OS 安装 Nmap

在 nmap 官方网站的页面下载 Mac OS 版本的 DMG 文件，下载完毕后进行安装。

图 1.11 所示为 Nmap 的介绍页面，点击“继续”进行下一步。

阅读如图 1.12 所示的许可协议，点击“继续”进行下一步安装。

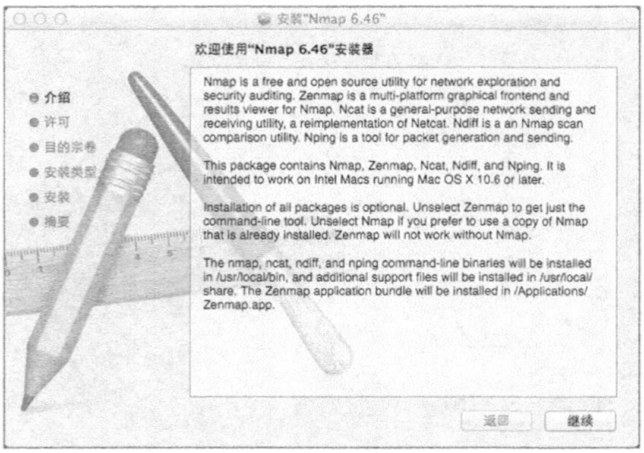

▲图 1.11　Nmap 介绍

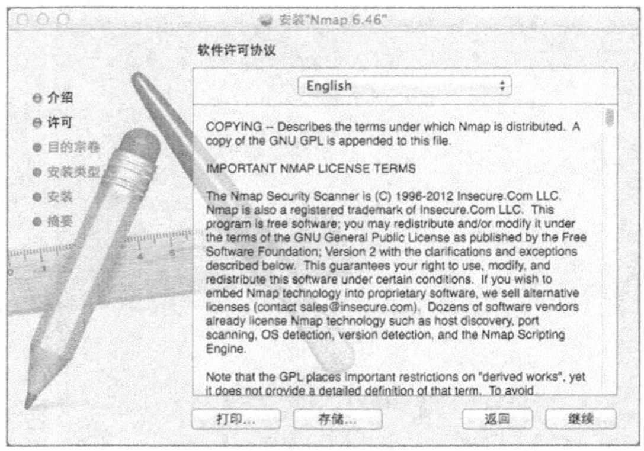

▲图 1.12　Nmap 许可协议

如图 1.13 所示，安装程序进行许可协议的再次确认，点击“同意”进行下一步。

如图 1.14 所示，选择您所需要的组件，在一般情况下保持默认即可。

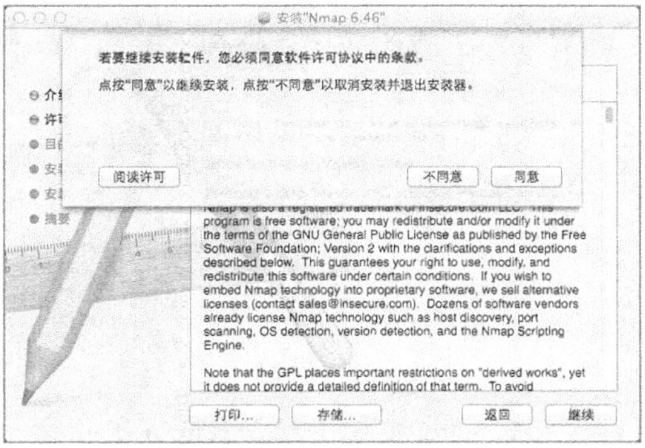

▲图 1.13 Nmap 许可协议

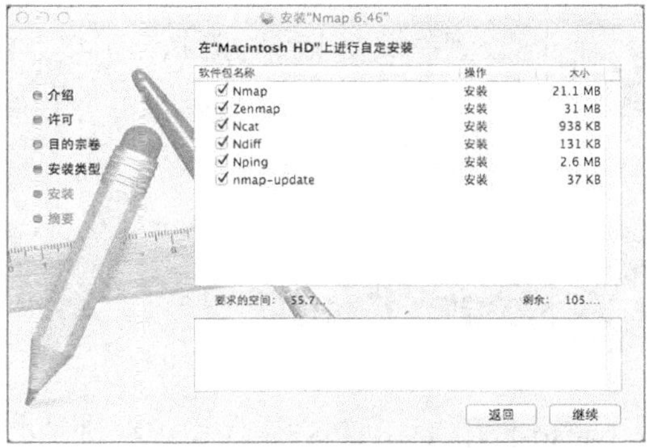

▲图 1.14 Nmap 组件选择

如图 1.15 所示，确认有充足的空间安装 Nmap，点击“安装”。

如图 1.16 所示，看到此页面则表示安装成功。

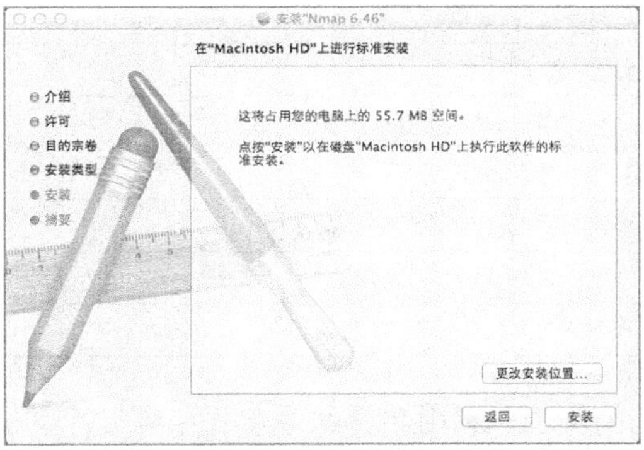

▲图 1.15 确认安装空间

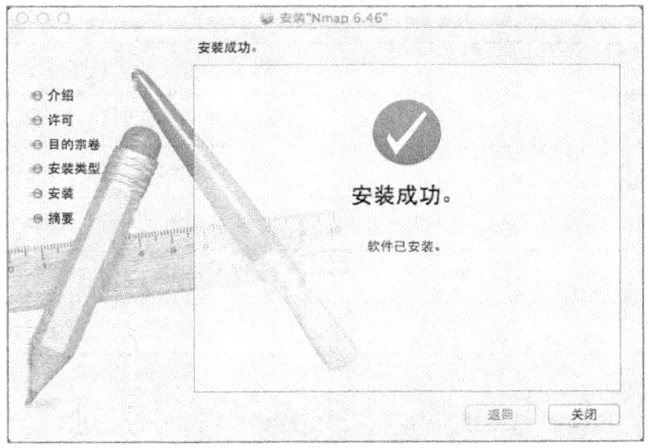

▲图 1.16 Nmap 安装完成

如图 1.17 所示，在 Shell 终端中输入 Nmap 命令可以成功打开 Nmap 并使用。至此在 Mac OS 下的安装就已经完成。

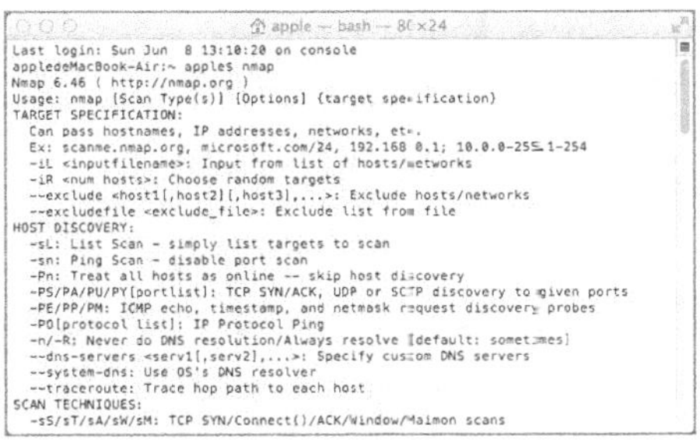

▲图 1.17 Nmap 在 MAC OS 下使用

> Mac OS 的安全体系默认不允许安装非安全认证的软件，这需要在系统偏好设置——安全性与隐私当中将“允许从以下位置下载的应用程序”更改为“任何来源”，即可自由安装第三方软件。

1.6 Nmap 工作原理

Nmap 使用 TCP/IP 协议栈指纹准确地判断目标主机的操作系统类型，Nmap 工作原理如表 1.2 所示。

表 1.2　　Nmap TCP/IP 协议栈指纹

测　试	描　述
T1	发送 TCP 数据包（Flag=SYN）到开放 TCP 端口
T2	发送一个空的 TCP 数据包到开放的 TCP 端口
T3	发送 TCP 数据包（Flag=SYN,URG,PSH,FIN）到开放的 TCP 端口
T4	发送 TCP 数据包（Flag=ACK）到开放的 TCP 端口
T5	发送 TCP 数据包（Flag=SYN）到关闭的 TCP 端口
T6	发送 TCP 数据包（Flag=ACK）到开放的 TCP 端口
T7	发送 TCP 数据包（Flag=URG,PSH,FIN）到关闭的 TCP 端口

如表 1.2 所示，Nmap 对目标主机进行一系列的测试，利用测试结果建立相应目标主机的 Nmap 指纹，然后 Nmap 会对指纹进行匹配，最终输出相应的结果。

1.7 Nmap 语法

我们在使用 Nmap 的时候大多是在命令行下进行的，即使是使用可视化 Zenmap 也是需要遵循 Nmap 固定的语法格式的。Nmap 的固定语法格式如下：

Nmap【空格】【选项|多选项|协议】【空格】【目标】

其中，选项与多选项之间也是用空格进行分割的，如果某些选项需要指定某些数据，那么在这些选项与指定的数据之间也需要用空格进行分割。

> 所有的选项与命令以及选项参数都是用空格进行分割的，有时候选项与参数直接可以不用空格分割，如-p80，-p 是选项，80 是参数。为了使 Nmap 语法更加严谨，建议严格按照空格进行分割。

1.8 全面扫描

表 1.3　　本小节所需选项

选　项	解　释
-A	全面扫描/综合扫描

Nmap 全面扫描的选项是-A，它可以全面扫描指定 IP 或域名的所有端口及其目标系统信息等，这需要花费点时间等待 Nmap 的扫描。

```
root@Wing:~# nmap -A 192.168.126.131

Starting Nmap 6.40 ( http://nmap.org ) at 2014-06-12 15:43 CST
Nmap scan report for 192.168.126.131
Host is up (0.00040s latency).
Not shown: 977 closed ports
PORT     STATE SERVICE     VERSION
21/tcp   open  ftp         vsftpd 2.3.4    #FTP 服务商是 vsftpd，版本是 2.3.4
|_ftp-anon: Anonymous FTP login allowed (FTP code 230)   #允许匿名登录
22/tcp   open  ssh         OpenSSH 4.7p1 Debian 8ubuntu1 (protocol 2.0) #SSH 供应商是 OpenSSH
版本是 4.7
| ssh-hostkey: 1024 60:0f:cf:e1:c0:5f:6a:74:d6:90:24:fa:c4:d5:6c:cd (DSA)#秘钥
|_2048 56:56:24:0f:21:1d:de:a7:2b:ae:61:b1:24:3d:e8:f3 (RSA)
23/tcp   open  telnet      Linux telnetd    #Telnet 服务
25/tcp   open  smtp        Postfix smtpd    #Smtp 服务
|_smtp-commands: metasploitable.localdomain, PIPELINING, SIZE 10240000, VRFY, ETRN,
STARTTLS, ENHANCEDSTATUSCODES, 8BITMIME, DSN,
| ssl-cert: Subject: commonName=ubuntu804-base.localdomain/organizationName=OCOSA/
stateOrProvinceName=There is no such thing outside US/countryName=XX
| Not valid before: 2010-03-17T14:07:45+00:00
|_Not valid after:  2010-04-16T14:07:45+00:00
|_ssl-date: 2014-06-10T10:00:54+00:00; -1d21h42m30s from local time.
53/tcp   open  domain      ISC BIND 9.4.2    #DNS 服务端口
| dns-nsid:
|_  bind.version: 9.4.2
80/tcp   open  http        Apache httpd 2.2.8 ((Ubuntu) DAV/2)    #HTTP 服务
|_http-methods: No Allow or Public header in OPTIONS response (status code 200)
|_http-title: Metasploitable2 - Linux
```

```
111/tcp  open  rpcbind    2 (RPC #100000)   #RPC 服务
| rpcinfo:                                 #RPC 服务详细信息
|   program version   port/proto  service
|   100000  2           111/tcp  rpcbind
|   100000  2           111/udp  rpcbind
|   100003  2,3,4      2049/tcp  nfs
|   100003  2,3,4      2049/udp  nfs
|   100005  1,2,3     40529/tcp  mountd
|   100005  1,2,3     43983/udp  mountd
|   100021  1,3,4     41255/tcp  nlockmgr
|   100021  1,3,4     55723/udp  nlockmgr
|   100024  1         35526/tcp  status
|_  100024  1         50609/udp  status
139/tcp  open  netbios-ssn Samba smbd 3.X (workgroup: WORKGROUP) #Samba 版本为 5.X
445/tcp  open  netbios-ssn Samba smbd 3.X (workgroup: WORKGROUP) #Samba 版本为 5.X
512/tcp  open  exec       netkit-rsh rexecd
513/tcp  open  login?
514/tcp  open  tcpwrapped
1099/tcp open  rmiregistry GNU Classpath grmiregistry
|_rmi-dumpregistry: Registry listing failed (No return data received from server)
1524/tcp open  shell      Metasploitable root shell
2049/tcp open  nfs        2-4 (RPC #100003)
2121/tcp open  ftp        ProFTPD 1.3.1
3306/tcp open  mysql      MySQL 5.0.51a-3ubuntu5
| mysql-info: Protocol: 10
| Version: 5.0.51a-3ubuntu5
| Thread ID: 21
| Some Capabilities: Connect with DB, Compress, SSL, Transactions, Secure Connection
| Status: Autocommit
|_Salt: fRHP:oB9:Tvy|$:6@}uU
5432/tcp open  postgresql  PostgreSQL DB 8.3.0 - 8.3.7
5900/tcp open  vnc        VNC (protocol 3.3)
| vnc-info:
|   Protocol version: 3.3
|   Security types:
|_    Unknown security type (33554432)
6000/tcp open  X11        (access denied)
6667/tcp open  irc        Unreal ircd
| irc-info:
|   server: irc.Metasploitable.LAN
|   version: Unreal3.2.8.1. irc.Metasploitable.LAN
|   servers: 1
|   users: 1
|   lservers: 0
|   lusers: 1
|   uptime: 0 days, 23:24:39
|   source host: A5B014C0.D9689365.FFFA6D49.IP
|_  source ident: nmap
8009/tcp open  ajp13      Apache Jserv (Protocol v1.3)
|_ajp-methods: Failed to get a valid response for the OPTION request
```

```
8180/tcp open  http       Apache Tomcat/Coyote JSP engine 1.1
|_http-favicon: Apache Tomcat
|_http-methods: No Allow or Public header in OPTIONS response (status code 200)
|_http-title: Apache Tomcat/5.5
MAC Address: 00:0C:29:E0:2E:76 (VMware)         #目标主机MAC地址
Device type: general purpose                    #设备类型
Running: Linux 2.6.X                            #目标主机操作系统
OS CPE: cpe:/o:linux:linux_kernel:2.6           #目标主机中央处理单元
OS details: Linux 2.6.9 - 2.6.33                #目标主机详细资料
Network Distance: 1 hop                         #网络距离
Service Info: Hosts:  metasploitable.localdomain, localhost, irc.Metasploitable.LAN; OSs:
Unix, Linux; CPE: cpe:/o:linux:linux_kernel

Host script results:
|_nbstat: NetBIOS name: METASPLOITABLE, NetBIOS user: <unknown>, NetBIOS MAC: <unknown>
| smb-os-discovery:                             #SMB系统发现
|   OS: Unix (Samba 3.0.20-Debian)              #操作系统为Unix，Samba版本为2.0.20
|   NetBIOS computer name:                      #NetBIOS计算机名称
|   Workgroup: WORKGROUP                        #所在工作组
|_  System time: 2015-06-10T06:00:51-04:00      #系统时间

TRACEROUTE
HOP RTT     ADDRESS
1   0.41 ms 192.168.126.131

OS and Service detection performed. Please report any incorrect results at
http://nmap.org/submit/ .
Nmap done: 1 IP address (1 host up) scanned in 26.21 seconds
root@Wing:~#
```

全面扫描又称作综合扫描，是一种完整扫描目标信息的扫描方式。

1.9 扫描指定段

在 Nmap 中我们可以指定扫描一个 C 段，这个功能不需要其他额外的选项，只需要使用“-”进行连接。

```
root@Wing:~# nmap 192.168.126.1-200

Starting Nmap 6.40 at 2014-06-12 15:45 CST
Nmap scan report for 192.168.126.1
Host is up (0.00039s latency).
All 1000 scanned ports on 192.168.126.1 are filtered
MAC Address: 00:50:56:C0:00:08 (VMware)

Nmap scan report for 192.168.126.2
```

```
Host is up (0.00053s latency).
All 1000 scanned ports on 192.168.126.2 are closed
MAC Address: 00:50:56:F1:06:20 (VMware)

Nmap scan report for 192.168.126.131
Host is up (0.00039s latency).
Not shown: 977 closed ports
PORT     STATE SERVICE
21/tcp   open  ftp
22/tcp   open  ssh
23/tcp   open  telnet
25/tcp   open  smtp
53/tcp   open  domain
80/tcp   open  http
111/tcp  open  rpcbind
139/tcp  open  netbios-ssn
445/tcp  open  microsoft-ds
512/tcp  open  exec
513/tcp  open  login
514/tcp  open  shell
1099/tcp open  rmiregistry
1524/tcp open  ingreslock
2049/tcp open  nfs
2121/tcp open  ccproxy-ftp
3306/tcp open  mysql
5432/tcp open  postgresql
5900/tcp open  vnc
6000/tcp open  X11
6667/tcp open  irc
8009/tcp open  ajp13
8180/tcp open  unknown
MAC Address: 00:0C:29:E0:2E:76 (VMware)

Nmap scan report for 192.168.126.130
Host is up (0.0000040s latency).
All 1000 scanned ports on 192.168.126.130 are closed

Nmap done: 200 IP addresses (4 hosts up) scanned in 5.71 seconds
root@Wing:~#
```

第 2 章　Nmap 主机发现

本章知识点

- 一次简单的扫描
- 使用 Zenmap 进行扫描
- Ping 扫描
- 无 Ping 扫描
- TCP SYN Ping 扫描
- TCP ACK Ping 扫描
- UDP Ping 扫描
- ICMP Ping Types 扫描
- ARP Ping 扫描
- 扫描列表
- 禁止反向域名解析
- 反向域名解析
- 使用系统域名解析器
- 扫描一个 IPv6 地址
- 路由跟踪

本章节将介绍 Nmap 的基本用法，以及认识 Nmap 可视化平台 Zenmap。本章节讲到的几种扫描方式是 Nmap 扫描的基础，我们通过对基础的学习来更加牢靠地掌握 Nmap 扫描方式。

本章选项

表 2.1 所示为本章节所需 Nmap 命令表，可方便读者查阅。

表 2.1　本章所需选项

选　　项	解　　释
-sP	Ping 扫描
-P0	无 Ping 扫描
-PS	TCP SYN Ping 扫描
-PA	TCP ACK Ping 扫描
-PU	UDP Ping 扫描
-PE;-PP;-PM	ICMP Ping Types 扫描
-PR	ARP Ping 扫描
-n	禁止 DNS 反向解析
-R	反向解析域名
--system-dns	使用系统域名解析器
-sL	列表扫描
-6	扫描 IPv6 地址
--traceroute	路由跟踪
-PY	SCTP INIT Ping 扫描

2.1 一次简单的扫描

该扫描方式可以针对 IP 或者域名进行扫描，扫描方式迅速，可以很方便地发现目标端口的开放情况及主机在线情况，我们使用一个基本扫描进行测试。

```
root@Wing:~# nmap 192.168.126.131

Starting Nmap 6.40 at 2014-06-09 18:36 CST
Nmap scan report for 192.168.126.131
Host is up (0.00035s latency).
Not shown: 977 closed ports
PORT     STATE SERVICE
21/tcp   open  ftp
22/tcp   open  ssh
23/tcp   open  telnet
25/tcp   open  smtp
53/tcp   open  domain
```

```
80/tcp   open  http
111/tcp  open  rpcbind
139/tcp  open  netbios-ssn
445/tcp  open  microsoft-ds
512/tcp  open  exec
513/tcp  open  login
514/tcp  open  shell
1099/tcp open  rmiregistry
1524/tcp open  ingreslock
2049/tcp open  nfs
2121/tcp open  ccproxy-ftp
3306/tcp open  mysql
5432/tcp open  postgresql
5900/tcp open  vnc
6000/tcp open  X11
6667/tcp open  irc
8009/tcp open  ajp13
8180/tcp open  unknown
MAC Address: 00:0C:29:E0:2E:76 (VMware)

Nmap done: 1 IP address (1 host up) scanned in 0.25 seconds
root@Wing:~#
```

从以上的扫描结果中可以很轻易发现开放（open）的端口，在端口后我们也可以发现相关的服务名称，后面的章节会详细介绍。

2.2 使用 Zenmap 进行扫描

Zenmap 是安全扫描工具 Nmap 的一个官方的图形用户界面，是一个跨平台的开源应用，不仅方便初学者使用，同时为高级使用者提供了很多高级特性。频繁的扫描能够被存储，进行重复运行。命令行工具提供了直接与 Nmap 的交互操作。扫描结果能够被存储以便于事后查阅。存储的扫描可以被比较，以辨别其异同。

图 2.1 所示为 Zenmap 运行界面，可以在 Linux 或 Mac OS 下轻易地打开并使用。

如图 2.2 所示，在 Command 处填入 Nmap 命令，如同在 Shell 终端下输入同样的命令。稍等片刻就可以在下方区域回显出扫描结果。

如图 2.3 所示，在 Zenmap 的 Ports/Hosts 选项标签中可以看到开放端口的详细情况。Zenmap 同时也提供了很多方便的快捷操作，在后面的章节中会详细说明。

▲图 2.1　Zenmap 界面

▲图 2.2　Zenmap 扫描结果

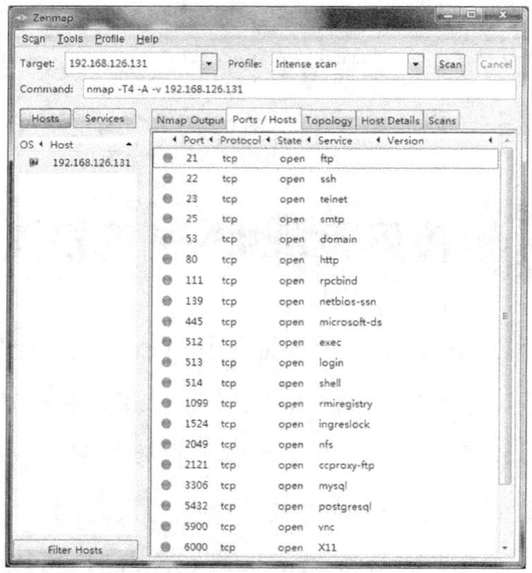

▲图 2.3　查看目标端口开放情况

2.3 Ping 扫描

表 2.2 所示为本章节所需 Nmap 命令表，表中加粗命令为本小节所需命令——Ping 扫描。

表 2.2 本节所需命令

选　　项	解　　释
-sP	**Ping 扫描**
-P0	无 Ping 扫描
-PS	TCP SYN Ping 扫描
-PA	TCP ACK Ping 扫描
-PU	UDP Ping 扫描
-PE;-PP;-PM	ICMP Ping Types 扫描
-PR	ARP Ping 扫描
-n	禁止 DNS 反向解析
-R	反向解析域名
--system-dns	使用系统域名解析器
-sL	列表扫描
-6	扫描 IPv6 地址
--traceroute	路由跟踪
-PY	SCTP INIT Ping 扫描

在 Nmap 中提供了很多扫描方式，其中就有 Ping 扫描方式，Ping 扫描只进行 Ping，然后显示出在线的主机。扫描时只需要加入-sP 选项就可以很方便地启用 Ping 扫描，使用该选项的时候，Nmap 仅进行 Ping 扫描，然后回显出做出响应的主机，使用该选项扫描可以轻易地获取目标信息而不会被轻易发现。在默认的情况下，Nmap 会发送一个 ICMP 回声请求和一个 TCP 报文到目标端口。Ping 扫描的优点是不会返回太多的信息造成对结果的分析，并且这是一种非常高效的扫描方式。

```
root@Wing:~# nmap -sP 192.168.126.131/24

Starting Nmap 6.40 at 2014-06-09 21:09 CST
Nmap scan report for 192.168.126.1       #当前扫描的主机是 192.168.126.1
Host is up (0.0011s latency).            #确定当前主机是存活的
MAC Address: 00:50:56:C0:00:08 (VMware)#该主机的 MAC 地址为 00:50:56:C0:00:08
Nmap scan report for 192.168.126.2
Host is up (0.00029s latency).
MAC Address: 00:50:56:F1:06:20 (VMware)
Nmap scan report for 192.168.126.131
Host is up (0.00018s latency).
MAC Address: 00:0C:29:E0:2E:76 (VMware)
Nmap scan report for 192.168.126.254
Host is up (0.00010s latency).
MAC Address: 00:50:56:E2:56:FB (VMware)
Nmap scan report for 192.168.126.130
```

```
Host is up.
Nmap done: 256 IP addresses (5 hosts up) scanned in 1.59 seconds
root@Wing:~#
```

在非 Nmap 中也可以利用 Ping 扫描进行主机发现，例如在 Windows 的 CMD 下或 Linux 的 Shell 终端下，可以使用命令“Ping 目标”的方式进行最简单的主机发现。

2.4 无 Ping 扫描

表 2.3 所示为本章节所需 Nmap 命令表，表中加粗命令为本小节所需命令——无 Ping 扫描。

表 2.3　本节所需命令

选　项	解　释
-sP	Ping 扫描
-P0	**无 Ping 扫描**
-PS	TCP SYN Ping 扫描
-PA	TCP ACK Ping 扫描
-PU	UDP Ping 扫描
-PE;-PP;-PM	ICMP Ping Types 扫描
-PR	ARP Ping 扫描
-n	禁止 DNS 反向解析
-R	反向解析域名
--system-dns	使用系统域名解析器
-sL	列表扫描
-6	扫描 IPv6 地址
--traceroute	路由跟踪
-PY	SCTP INIT Ping 扫描

无 Ping 扫描通常用于防火墙禁止 Ping 的情况下，它能确定正在运行的机器。默认情况下，Nmap 只对正在运行的主机进行高强度的探测，如端口扫描、版本探测或者操作系统探测。用 -P0 禁止主机发现会使 Nmap 对每一个指定的目标 IP 地址进行所要求的扫描，这可以穿透防火

墙，也可以避免被防火墙发现。需要注意的是，-P0 的第二个字符是数字 0 而不是字母 O。使用“nmap -P0【协议 1、协议 2】【目标】”进行扫描。

```
root@Wing:~# nmap -P0 192.168.126.131

Starting Nmap 6.40 at 2014-06-09 19:17 CST
Nmap scan report for 192.168.126.131
Host is up (0.0044s latency).
Not shown: 977 closed ports
PORT     STATE SERVICE
21/tcp   open  ftp
22/tcp   open  ssh
23/tcp   open  telnet
25/tcp   open  smtp
53/tcp   open  domain
80/tcp   open  http
111/tcp  open  rpcbind
139/tcp  open  netbios-ssn
445/tcp  open  microsoft-ds
512/tcp  open  exec
513/tcp  open  login
514/tcp  open  shell
1099/tcp open  rmiregistry
1524/tcp open  ingreslock
2049/tcp open  nfs
2121/tcp open  ccproxy-ftp
3306/tcp open  mysql
5432/tcp open  postgresql
5900/tcp open  vnc
6000/tcp open  X11
6667/tcp open  irc
8009/tcp open  ajp13
8180/tcp open  unknown
MAC Address: 00:0C:29:E0:2E:76 (VMware)

Nmap done: 1 IP address (1 host up) scanned in 0.19 seconds
root@Wing:~#
```

如果没有指定任何协议，Nmap 会默认使用协议 1、协议 2、协议 4，如果想知道这些协议是如何判断目标主机是否存活可以使用 --packet-trace 选项。

```
root@Wing:~# nmap -p0 --packet-trace scanme.nmap.org

Starting Nmap 6.47 at 2015-06-27 21:34 CST
SENT (0.4843s) ICMP [192.168.239.128 > 45.33.32.156 Echo request (type=8/code=0) id=930
seq=0] IP [ttl=44 id=52743 iplen=28 ]
SENT (0.4847s) TCP 192.168.239.128:54907 > 45.33.32.156:443 S ttl=50 id=42216 iplen=44
seq=2415939166 win=1024 <mss 1460>
```

```
SENT (0.4853s) TCP 192.168.239.128:54907 > 45.33.32.156:80 A ttl=41 id=52925 iplen=40
seq=0 win=1024
SENT (0.4855s) ICMP [192.168.239.128 > 45.33.32.156 Timestamp request (type=13/code=0)
id=32160 seq=0 orig=0 recv=0 trans=0] IP [ttl=54 id=27234 iplen=40 ]
RCVD (0.4864s) TCP 45.33.32.156:80 > 192.168.239.128:54907 R ttl=128 id=34681 iplen=40
seq=2415939166 win=32767
NSOCK INFO [0.4880s] nsi_new2(): nsi_new (IOD #1)
NSOCK INFO [0.4880s] nsock_connect_udp(): UDP connection requested to 192.168.239.2:53
(IOD #1) EID 8
NSOCK INFO [0.4880s] nsock_read(): Read request from IOD #1 [192.168.239.2:53] (timeout:
-1ms) EID 18
NSOCK INFO [0.4880s] nsock_trace_handler_callback(): Callback: CONNECT SUCCESS for EID
8 [192.168.239.2:53]
NSOCK INFO [0.4880s] nsock_trace_handler_callback(): Callback: WRITE SUCCESS for EID 27
[192.168.239.2:53]
NSOCK INFO [0.8940s] nsock_trace_handler_callback(): Callback: READ SUCCESS for EID 18
[192.168.239.2:53] (85 bytes)
NSOCK INFO [0.8940s] nsock_read(): Read request from IOD #1 [192.168.239.2:53] (timeout:
-1ms) EID 34
NSOCK INFO [0.8940s] nsi_delete(): nsi_delete (IOD #1)
NSOCK INFO [0.8940s] msevent_cancel(): msevent_cancel on event #34 (type READ)
SENT (0.8946s) TCP 192.168.239.128:55163 > 45.33.32.156:0 S ttl=51 id=39619 iplen=44
seq=1637668556 win=1024 <mss 1460>
RCVD (0.8966s) TCP 45.33.32.156:0 > 192.168.239.128:55163 RA ttl=128 id=34684 iplen=40
seq=1398889074 win=64240
Nmap scan report for scanme.nmap.org (45.33.32.156)
Host is up (0.0015s latency).
rDNS record for 45.33.32.156: li982-156.members.linode.com
PORT  STATE  SERVICE
0/tcp closed unknown

Nmap done: 1 IP address (1 host up) scanned in 0.90 seconds
root@Wing:~#
```

从以上返回的信息我们可以看到，有 4 行信息被标记为 SENT，并显示为 ICMP 和 IP 包，如下所示：

```
SENT (0.4843s) ICMP [192.168.239.128 > 45.33.32.156 Echo request (type=8/code=0) id=930
seq=0] IP [ttl=44 id=52743 iplen=28 ]
SENT (0.4847s) TCP 192.168.239.128:54907 > 45.33.32.156:443 S ttl=50 id=42216 iplen=44
seq=2415939166 win=1024 <mss 1460>
SENT (0.4853s) TCP 192.168.239.128:54907 > 45.33.32.156:80 A ttl=41 id=52925 iplen=40
seq=0 win=1024
SENT (0.4855s) ICMP [192.168.239.128 > 45.33.32.156 Timestamp request (type=13/code=0)
id=32160 seq=0 orig=0 recv=0 trans=0] IP [ttl=54 id=27234 iplen=40 ]
```

如此可以判断目标主机是存活状态。我们也可以手动指定扫描目标主机的协议，Nmap 支持的协议和编号如下所示：

① TCP：对应协议编号为 6。

② ICMP：对应协议编号为 1。

③ IGMP：对应协议编号为 2。

④ UDP：对应协议编号为 17。

我们指定使用 TCP、UDP、IGMP 协议向目标主机发送包并判断目标主机是否在线。

```
root@Wing:~# nmap -p06,17,2 --packet-trace scanme.nnap.org

Starting Nmap 6.47 at 2015-06-27 21:42 CST
SENT (0.0647s) ICMP [192.168.239.128 > 45.33.32.156 Echo request (type=8/code=0) id=28812
seq=0] IP [ttl=51 id=19372 iplen=28 ]
SENT (0.0649s) TCP 192.168.239.128:49262 > 45.33.32.156:443 S ttl=39 id=16459 iplen=44
seq=1786395366 win=1024 <mss 1460>
SENT (0.0651s) TCP 192.168.239.128:49262 > 45.33.32.156:80 A ttl=51 id=47484 iplen=40
seq=0 win=1024
SENT (0.0652s) ICMP [192.168.239.128 > 45.33.32.156 Timestamp request (type=13/code=0)
id=10265 seq=0 orig=0 recv=0 trans=0] IP [ttl=57 id=64987 iplen=40 ]
RCVD (0.0660s) TCP 45.33.32.156:80 > 192.168.239.128:49262 R ttl=128 id=34698 iplen=40
seq=1786395366 win=32767
NSOCK INFO [0.0660s] nsi_new2(): nsi_new (IOD #1)
NSOCK INFO [0.0660s] nsock_connect_udp(): UDP connection requested to 192.168.239.2:53
(IOD #1) EID 8
NSOCK INFO [0.0660s] nsock_read(): Read request from IOD #1 [192.168.239.2:53] (timeout:
-1ms) EID 18
NSOCK INFO [0.0660s] nsock_trace_handler_callback(): Callback: CONNECT SUCCESS for EID
8 [192.168.239.2:53]
NSOCK INFO [0.0660s] nsock_trace_handler_callback(): Callback: WRITE SUCCESS for EID 27
[192.168.239.2:53]
NSOCK INFO [0.0770s] nsock_trace_handler_callback(): Callback: READ SUCCESS for EID 18
[192.168.239.2:53] (85 bytes)
NSOCK INFO [0.0770s] nsock_read(): Read request from IOD #1 [192.168.239.2:53] (timeout:
-1ms) EID 34
NSOCK INFO [0.0770s] nsi_delete(): nsi_delete (IOD #1)
NSOCK INFO [0.0770s] msevent_cancel(): msevent_cancel on event #34 (type READ)
SENT (0.0781s) TCP 192.168.239.128:49518 > 45.33.32.156:6 S ttl=45 id=62567 iplen=44
seq=2228648245 win=1024 <mss 1460>
SENT (0.0782s) TCP 192.168.239.128:49518 > 45.33.32.156:17 S ttl=47 id=21783 iplen=44
seq=2228648245 win=1024 <mss 1460>
SENT (0.0784s) TCP 192.168.239.128:49518 > 45.33.32.156:2 S ttl=48 id=60557 iplen=44
seq=2228648245 win=1024 <mss 1460>
RCVD (0.3605s) ICMP [45.33.32.156 > 192.168.239.128 Echo reply (type=0/code=0) id=28812
seq=0] IP [ttl=128 id=34700 iplen=28 ]
SENT (1.1801s) TCP 192.168.239.128:49519 > 45.33.32.156:2 S ttl=48 id=28002 iplen=44
seq=2228713780 win=1024 <mss 1460>
SENT (1.1803s) TCP 192.168.239.128:49519 > 45.33.32.156:17 S ttl=38 id=41636 iplen=44
seq=2228713780 win=1024 <mss 1460>
SENT (1.1805s) TCP 192.168.239.128:49519 > 45.33.32.156:6 S ttl=52 id=58195 iplen=44
```

```
seq=2228713780 win=1024 <mss 1460>
Nmap scan report for scanme.nmap.org (45.33.32.156)
Host is up (0.0011s latency).
rDNS record for 45.33.32.156: li982-156.members.linode.com
PORT   STATE    SERVICE
2/tcp  filtered compressnet
6/tcp  filtered unknown
17/tcp filtered qotd

Nmap done: 1 IP address (1 host up) scanned in 1.28 seconds
root@Wing:~#
```

> 无 Ping 扫描也可以躲避某些防火墙的防护，可以在目标主机禁止 Ping 的情况下使用。

2.5 TCP SYN Ping 扫描

表 2.4 所示为本章节所需 Nmap 命令表，表中加粗命令为本小节所需命令——TCP SYN Ping 扫描。

表 2.4　本节所需命令

选　项	解　释
-sP	Ping 扫描
-P0	无 Ping 扫描
-PS	**TCP SYN Ping 扫描**
-PA	TCP ACK Ping 扫描
-PU	UDP Ping 扫描
-PE;-PP;-PM	ICMP Ping Types 扫描
-PR	ARP Ping 扫描
-n	禁止 DNS 反向解析
-R	反向解析域名
--system-dns	使用系统域名解析器
-sL	列表扫描
-6	扫描 IPv6 地址
--traceroute	路由跟踪
-PY	SCTP INIT Ping 扫描

TCP 协议是 TCP/IP 协议族中的面向连接的、可靠的传输层协议，允许发送和接收字节流形式的数据。为了使服务器和客户端以不同的速度产生和消费数据，TCP 提供了发送和接收两个缓冲区。TCP 提供全双工服务，数据同时能双向流动。通信的每一方都有发送和接收两个缓冲区，可以双向发送数据。TCP 在报文中加上一个递进的确认序列号来告诉发送者，接收者期望收到的下一个字节，如果在规定时间内，没有收到关于这个包的确认响应，则重新发送此包，这保证了 TCP 是一种可靠的传输层协议。

-PS 选项发送一个设置了 SYN 标志位的空 TCP 报文。默认目的端口为 80（可以通过改变 nmap.h）文件中的 DEFAULT-TCP-PROBE-PORT 值进行配置，但不同的端口也可以作为选项指定，甚至可以指定一个以逗号分隔的端口列表（如-PS22，23，25，80，115，3306，3389），在这种情况下，每个端口会被并发地扫描。

通常情况下，Nmap 默认 Ping 扫描是使用 TCP ACK 和 ICMP Echo 请求对目标进行是否存活的响应，当目标主机的防火墙阻止这些请求时，我们可以使用 TCP SYN Ping 扫描来进行对目标主机存活的判断。

```
root@Wing:~# nmap -PS -v 192.168.121.1

Starting Nmap 6.47 at 2015-06-28 11:31 CST
Initiating Ping Scan at 11:31
Scanning 192.168.121.1 [1 port]
Completed Ping Scan at 11:31, 1.01s elapsed (1 total hosts)
Initiating Parallel DNS resolution of 1 host. at 11:31
Completed Parallel DNS resolution of 1 host. at 11:31, 0.01s elapsed
Initiating SYN Stealth Scan at 11:31
Scanning 192.168.121.1 [1000 ports]
Discovered open port 135/tcp on 192.168.121.1
Discovered open port 445/tcp on 192.168.121.1
Discovered open port 139/tcp on 192.168.121.1
Discovered open port 49155/tcp on 192.168.121.1
Discovered open port 7000/tcp on 192.168.121.1
Discovered open port 49165/tcp on 192.168.121.1
Discovered open port 49153/tcp on 192.168.121.1
Discovered open port 49152/tcp on 192.168.121.1
Discovered open port 912/tcp on 192.168.121.1
Discovered open port 902/tcp on 192.168.121.1
Discovered open port 843/tcp on 192.168.121.1
Increasing send delay for 192.168.121.1 from 0 to 5 due to 258 out of 858 dropped probes
since last increase.
Discovered open port 8000/tcp on 192.168.121.1
Completed SYN Stealth Scan at 11:32, 69.92s elapsed (1000 total ports)
Nmap scan report for 192.168.121.1
Host is up (1.2s latency).
```

```
Not shown: 987 closed ports
PORT      STATE    SERVICE
135/tcp   open     msrpc
139/tcp   open     netbios-ssn
445/tcp   open     microsoft-ds
514/tcp   filtered shell
843/tcp   open     unknown
902/tcp   open     iss-realsecure
912/tcp   open     apex-mesh
7000/tcp  open     afs3-fileserver
8000/tcp  open     http-alt
49152/tcp open     unknown
49153/tcp open     unknown
49155/tcp open     unknown
49165/tcp open     unknown


Nmap done: 1 IP address (1 host up) scanned in 70.99 seconds
         Raw packets sent: 1409 (61.996KB) | Rcvd: 1008 (40.605KB)
root@Wing:~#
```

从上面的返回结果可得知 Nmap 是通过 SYN/ACK 和 RST 响应来对目标主机是否存活进行判断，但在特定情况下防火墙会丢弃 RST 包，这种情况下扫描的结果会不准确，这时，我们需要指定一个端口或端口范围来避免这种情况。

```
root@Wing:~# nmap -PS80,100-200 -v 192.168.121.1

Starting Nmap 6.47 at 2015-06-28 11:38 CST
Initiating Ping Scan at 11:38
Scanning 192.168.121.1 [1 port]
Completed Ping Scan at 11:38, 1.00s elapsed (1 total hosts)
Initiating Parallel DNS resolution of 1 host. at 11:38
Completed Parallel DNS resolution of 1 host. at 11:38, 0.04s elapsed
Initiating SYN Stealth Scan at 11:38
Scanning 192.168.121.1 [102 ports]
Discovered open port 139/tcp on 192.168.121.1
Discovered open port 135/tcp on 192.168.121.1
Completed SYN Stealth Scan at 11:38, 4.04s elapsed (102 total ports)
Nmap scan report for 192.168.121.1
Host is up (1.0s latency).
Not shown: 100 closed ports
PORT     STATE SERVICE
135/tcp open  msrpc
139/tcp open  netbios-ssn


Nmap done: 1 IP address (1 host up) scanned in 5.15 seconds
         Raw packets sent: 103 (4.532KB) | Rcvd: 103 (4.128KB)
root@Wing:~#
```

2.6 TCP ACK Ping 扫描

表 2.5 所示为本章节所需 Nmap 命令表，表中加粗命令为本小节所需命令——TCP ACK Ping 扫描。

表 2.5　　本节所需命令

选　项	解　释
-sP	Ping 扫描
-P0	无 Ping 扫描
-PS	TCP SYN Ping 扫描
-PA	**TCP ACK Ping 扫描**
-PU	UDP Ping 扫描
-PE;-PP;-PM	ICMP Ping Types 扫描
-PR	ARP Ping 扫描
-n	禁止 DNS 反向解析
-R	反向解析域名
--system-dns	使用系统域名解析器
-sL	列表扫描
-6	扫描 IPv6 地址
--traceroute	路由跟踪
-PY	SCTP INIT Ping 扫描

使用-PA 选项可以进行 TCP ACK Ping 扫描，它与 TCP SYN Ping 扫描是非常类似的，唯一的区别是设置 TCP 的标志位是 ACK 而不是 SYN，使用这种方式扫描可以探测阻止 SYN 包或 ICMP Echo 请求的主机。

很多防火墙会封锁 SYN 报文，所以 Nmap 提供了 TCP SYN Ping 扫描与 TCP ACK Ping 扫描两种探测方式，这两种方式可以极大地提高通过防火墙的概率，我们还可以同时使用-PS 与-SA 来既发送 SYN 又发送 ACK。在使用 TCP ACK Ping 扫描时，Nmap 会发送一个 ACK 标志的 TCP 包给目标主机，如果目标主机不是存活状态则不响应该请求，如果目标主机在线则会返回一个 RST 包。

```
root@Wing:~# nmap -PA -v 192.168.121.1

Starting Nmap 6.47 at 2015-06-28 11:43 CST
```

```
Initiating Ping Scan at 11:43
Scanning 192.168.121.1 [1 port]
Completed Ping Scan at 11:43, 0.00s elapsed (1 total hosts)
Initiating Parallel DNS resolution of 1 host. at 11:43
Completed Parallel DNS resolution of 1 host. at 11:43, 0.01s elapsed
Initiating SYN Stealth Scan at 11:43
Scanning 192.168.121.1 [1000 ports]
Discovered open port 135/tcp on 192.168.121.1
Discovered open port 139/tcp on 192.168.121.1
Discovered open port 445/tcp on 192.168.121.1
Discovered open port 912/tcp on 192.168.121.1
Discovered open port 49155/tcp on 192.168.121.1
Discovered open port 8000/tcp on 192.168.121.1
Discovered open port 902/tcp on 192.168.121.1
Discovered open port 7000/tcp on 192.168.121.1
Increasing send delay for 192.168.121.1 from 0 to 5 due to 126 out of 418 dropped probes
since last increase.
Discovered open port 49152/tcp on 192.168.121.1
Discovered open port 49153/tcp on 192.168.121.1
Discovered open port 49165/tcp on 192.168.121.1
Discovered open port 843/tcp on 192.168.121.1
Completed SYN Stealth Scan at 11:45, 139.14s elapsed (1000 total ports)
Nmap scan report for 192.168.121.1
Host is up (1.0s latency).
Not shown: 987 closed ports
PORT      STATE   SERVICE
135/tcp   open    msrpc
139/tcp   open    netbios-ssn
445/tcp   open    microsoft-ds
514/tcp   filtered shell
843/tcp   open    unknown
902/tcp   open    iss-realsecure
912/tcp   open    apex-mesh
7000/tcp  open    afs3-fileserver
8000/tcp  open    http-alt
49152/tcp open    unknown
49153/tcp open    unknown
49155/tcp open    unknown
49165/tcp open    unknown


Nmap done: 1 IP address (1 host up) scanned in 139.22 seconds
         Raw packets sent: 1723 (75.808KB) | Rcvd: 1014 (40.845KB)
root@Wing:~#
```

同时使用-PS 与-PA 选项，代码如下。

```
root@Wing:~# nmap -PA -PS 192.168.126.131

Starting Nmap 6.40 at 2014-06-09 20:39 CST
Nmap scan report for 192.168.126.131
```

```
Host is up (0.00037s latency).
Not shown: 977 closed ports
PORT     STATE SERVICE
21/tcp   open  ftp
22/tcp   open  ssh
23/tcp   open  telnet
25/tcp   open  smtp
53/tcp   open  domain
80/tcp   open  http
111/tcp  open  rpcbind
139/tcp  open  netbios-ssn
445/tcp  open  microsoft-ds
512/tcp  open  exec
513/tcp  open  login
514/tcp  open  shell
1099/tcp open  rmiregistry
1524/tcp open  ingreslock
2049/tcp open  nfs
2121/tcp open  ccproxy-ftp
3306/tcp open  mysql
5432/tcp open  postgresql
5900/tcp open  vnc
6000/tcp open  X11
6667/tcp open  irc
8009/tcp open  ajp13
8180/tcp open  unknown
MAC Address: 00:0C:29:E0:2E:76 (VMware)

Nmap done: 1 IP address (1 host up) scanned in 0.12 seconds
root@Wing:~#
```

接下来我们看一个被防火墙阻止的案例，首先使用 TCP ACK Ping 方式对目标主机进行扫描。

```
root@Wing:~# nmap -PA -v 192.168.22.22

Starting Nmap 6.47 at 2015-06-28 11:46 CST
Initiating Ping Scan at 11:46
Scanning 192.168.22.22 [1 port]
Completed Ping Scan at 11:46, 2.01s elapsed (1 total hosts)
Nmap scan report for 192.168.22.22 [host down]

Note: Host seems down. If it is really up, but blocking our ping probes, try -Pn
Nmap done: 1 IP address (0 hosts up) scanned in 2.04 seconds
           Raw packets sent: 2 (80B) | Rcvd: 0 (0B)
root@Wing:~#
```

从输出的结果中发现目标主机是没有存活的状态，尝试使用 TCP SYN Ping 进行扫描，对目标主机的存活状态进行判断。

```
root@Wing:~# nmap -PS -v 192.168.121.1

Starting Nmap 6.47 at 2015-06-28 11:50 CST
Initiating Ping Scan at 11:50
Scanning 192.168.121.1 [1 port]
Completed Ping Scan at 11:50, 1.00s elapsed (1 total hosts)
Read data files from: /usr/bin/../share/nmap
Nmap done: 1 IP address (1 host up) scanned in 109.97 seconds
         Raw packets sent: 1760 (77.440KB) | Rcvd: 1020 (40.848KB)
root@Wing:~#
```

从输出的结果得知目标主机是存活状态，由此可以说明 TCP ACK 包被目标主机防火墙阻止了。

2.7 UDP Ping 扫描

表 2.6 所示为本章节所需 Nmap 命令表，表中加粗命令为本小节所需命令——UDP Ping 扫描。

表 2.6　　本节所需命令

选　项	解　释
-sP	Ping 扫描
-P0	无 Ping 扫描
-PS	TCP SYN Ping 扫描
-PA	TCP ACK Ping 扫描
-PU	**UDP Ping 扫描**
-PE;-PP;-PM	ICMP Ping Types 扫描
-PR	ARP Ping 扫描
-n	禁止 DNS 反向解析
-R	反向解析域名
--system-dns	使用系统域名解析器
-sL	列表扫描
-6	扫描 IPv6 地址
--traceroute	路由跟踪
-PY	SCTP INIT Ping 扫描

-PU 选项是发送一个空的 UDP 报文到指定端口。如果不指定端口则默认是 40125。该默认值可以通过在编译时改变 nmap.h 文件中的 DEFAULT-UDP-PROBE-PORT 值进行配置。默认使用这样一个奇怪的端口是因为对于开放端口，很少会使用这种扫描方式。

使用 UDP Ping 扫描时 Nmap 会发送一个空的 UDP 包到目标主机，如果目标主机响应则返回一个 ICMP 端口不可达错误，如果目标主机不是存活状态则会返回各种 ICMP 错误信息。

```
root@Wing:~# nmap -PU -v 192.168.121.1

Starting Nmap 6.47 at 2015-06-28 11:58 CST
Initiating Ping Scan at 11:58
Scanning 192.168.121.1 [1 port]
Completed Ping Scan at 11:58, 0.00s elapsed (1 total hosts)
Initiating Parallel DNS resolution of 1 host. at 11 58
Completed Parallel DNS resolution of 1 host. at 11:58, 0.01s elapsed
Initiating SYN Stealth Scan at 11:58
Scanning 192.168.121.1 [1000 ports]
Discovered open port 135/tcp on 192.168.121.1
Discovered open port 139/tcp on 192.168.121.1
Discovered open port 445/tcp on 192.168.121.1
Discovered open port 49165/tcp on 192.168.121.1
Discovered open port 912/tcp on 192.168.121.1
Increasing send delay for 192.168.121.1 from C to 5 due to 123 out of 409 dropped probes
since last increase.
Discovered open port 902/tcp on 192.168.121.1
Discovered open port 49152/tcp on 192.168.121.1
Discovered open port 49155/tcp on 192.168.121.1
Discovered open port 49153/tcp on 192.168.121.1
Discovered open port 8000/tcp on 192.168.121.1
Discovered open port 7000/tcp on 192.168.121.1
Discovered open port 843/tcp on 192.168.121.1
Completed SYN Stealth Scan at 12:00, 110.73s elapsed (1000 total ports)
Nmap scan report for 192.168.121.1
Host is up (1.00s latency).
Not shown: 987 closed ports
PORT      STATE    SERVICE
135/tcp   open     msrpc
139/tcp   open     netbios-ssn
445/tcp   open     microsoft-ds
514/tcp   filtered shell
843/tcp   open     unknown
902/tcp   open     iss-realsecure
912/tcp   open     apex-mesh
7000/tcp  open     afs3-fileserver
8000/tcp  open     http-alt
49152/tcp open     unknown
49153/tcp open     unknown
49155/tcp open     unknown
```

```
49165/tcp open     unknown

Read data files from: /usr/bin/../share/nmap
Nmap done: 1 IP address (1 host up) scanned in 110.79 seconds
           Raw packets sent: 1724 (75.840KB) | Rcvd: 1009 (40.661KB)
root@Wing:~#
```

从输出的结果中可以得知目标主机是存活状态，这表明目标主机存活时会返回一个 ICMP 端口不可达的信息，这里我们使用 Wireshark 获取数据包分析。

如图 2.4 所示，捕获的包中有一条信息为“Destination unreachable”，这表明目标不可达，在详细信息面板中可以看到使用的端口为 40125，也可以指定使用其他端口。

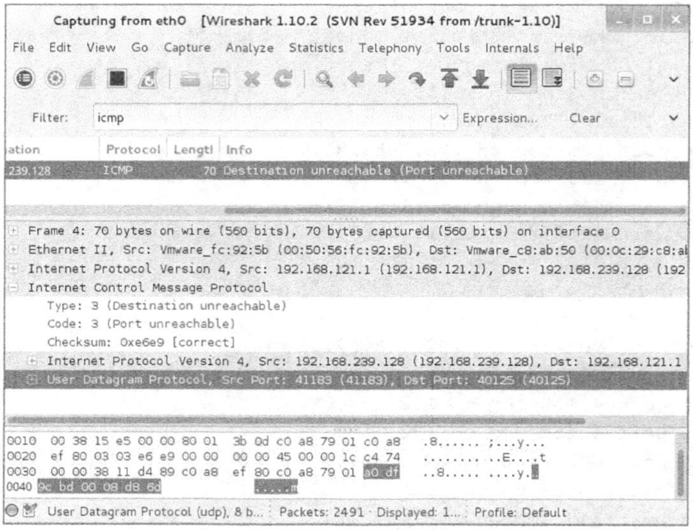

▲图 2.4　信息面板显示一个 ICMP 包

```
root@Wing:~# nmap -PU80,111 -v 192.168.121.1

Starting Nmap 6.47 at 2015-06-28 12:26 CST
Initiating Ping Scan at 12:26
Scanning 192.168.121.1 [2 ports]
Completed Ping Scan at 12:26, 0.00s elapsed (1 total hosts)
Initiating Parallel DNS resolution of 1 host. at 12:26
Completed Parallel DNS resolution of 1 host. at 12:26, 0.01s elapsed
Initiating SYN Stealth Scan at 12:26
Scanning 192.168.121.1 [1000 ports]
```

如图 2.5 所示有两个 ICMP 包，且包的信息都是“Destination unreachable”，详细信息面板中的端口为 25。

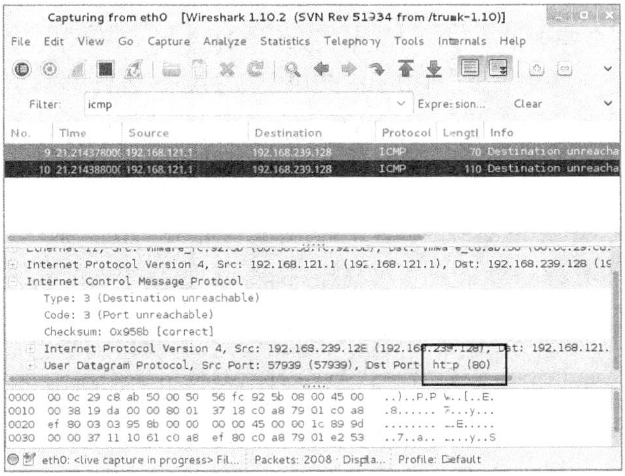

▲图 2.5 信息面板显示两个 ICMP 包

2.8 ICMP Ping Types 扫描

表 2.7 所示为本章节所需 Nmap 命令表，表中加粗命令为本小节所需命令——ICMP Ping Types 扫描。

表 2.7 本节所需命令

选项	解释
-sP	Ping 扫描
-P0	无 Ping 扫描
-PS	TCP SYN Ping 扫描
-PA	TCP ACK Ping 扫描
-PU	UDP Ping 扫描
-PE;-PP;-PM	**ICMP Ping Types 扫描**
-PR	ARP Ping 扫描
-n	禁止 DNS 反向解析
-R	反向解析域名
--system-dns	使用系统域名解析器
-sL	列表扫描
-6	扫描 IPv6 地址
--traceroute	路由跟踪
-PY	SCTP INIT Ping 扫描

使用-PE；-PP；-PM 选项可以进行 ICMP Ping Types 扫描。ICMP（Internet Control Message Protocol）是 Internet 控制报文协议。它是 TCP/IP 协议族的一个子协议，用于在 IP 主机、路由器之间传递控制消息。控制消息是指网络通不通、主机是否可达、路由是否可用等网络本身的消息。这些控制消息虽然并不传输用户数据，但是对于用户数据的传递起着重要的作用

Nmap 发送一个 ICMP type 8（回声请求）报文到目标 IP 地址，从运行的主机得到一个 type 0（回声响应）报文。-PE 选项简单地来说是通过向目标发送 ICMP Echo 数据包来探测目标主机是否在线，正因为许多主机的防火墙会禁止这些报文，所以仅仅 ICMP 扫描对于互联网上的目标通常是不够的。但对于系统管理员监视一个内部网络，它们可能是实际有效的途径。使用-PE 选项打开该回声请求功能。-PP 选项是 ICMP 时间戳 Ping 扫描，虽然大多数的防火墙配置不允许 ICMP Echo 请求，但由于配置不当可能回复 ICMP 时间戳请求，所以可以使用 ICMP 时间戳来确定目标主机是否存活。-PM 选项可以进行 ICMP 地址掩码 Ping 扫描。这种扫描方式会试图用备选的 ICMP 等级 Ping 指定主机，通常有不错的穿透防火墙的效果。

（1）使用 ICMP Echo 扫描方式

```
root@Wing:~# nmap -PE -v 192.168.121.1

Starting Nmap 6.47 at 2015-06-27 21:22 CST
Initiating Ping Scan at 21:22
Scanning 192.168.121.1 [1 port]
Completed Ping Scan at 21:22, 0.00s elapsed (1 total hosts)
Initiating Parallel DNS resolution of 1 host. at 21:22
Completed Parallel DNS resolution of 1 host. at 21:22, 0.01s elapsed
Initiating SYN Stealth Scan at 21:22
Scanning 192.168.121.1 [1000 ports]
Discovered open port 139/tcp on 192.168.121.1
Discovered open port 135/tcp on 192.168.121.1
Discovered open port 445/tcp on 192.168.121.1
Discovered open port 49159/tcp on 192.168.121.1
Discovered open port 49152/tcp on 192.168.121.1
Discovered open port 843/tcp on 192.168.121.1
Discovered open port 912/tcp on 192.168.121.1
Increasing send delay for 192.168.121.1 from 0 to 5 due to 119 out of 395 dropped probes
since last increase.
Discovered open port 49155/tcp on 192.168.121.1
Discovered open port 7000/tcp on 192.168.121.1
Discovered open port 902/tcp on 192.168.121.1
Discovered open port 8000/tcp on 192.168.121.1
Stats: 0:02:15 elapsed; 0 hosts completed (1 up), 1 undergoing SYN Stealth Scan
SYN Stealth Scan Timing: About 99.99% done; ETC: 21:25 (0:00:00 remaining)
Stats: 0:02:16 elapsed; 0 hosts completed (1 up), 1 undergoing SYN Stealth Scan
SYN Stealth Scan Timing: About 99.99% done; ETC: 21:25 (0:00:00 remaining)
```

```
Discovered open port 49153/tcp on 192.168.121.1
Completed SYN Stealth Scan at 21:25, 148.61s elapsed (1000 total ports)
Nmap scan report for 192.168.121.1
Host is up (1.0s latency).
Not shown: 987 closed ports
PORT      STATE    SERVICE
135/tcp   open     msrpc
139/tcp   open     netbios-ssn
445/tcp   open     microsoft-ds
514/tcp   filtered shell
843/tcp   open     unknown
902/tcp   open     iss-realsecure
912/tcp   open     apex-mesh
7000/tcp  open     afs3-fileserver
8000/tcp  open     http-alt
49152/tcp open     unknown
49153/tcp open     unknown
49155/tcp open     unknown
49159/tcp open     unknown


Nmap done: 1 IP address (1 host up) scanned in 148.58 seconds
         Raw packets sent: 1744 (76.720KB) | Rcvd: 1017 (40.716KB)
root@Wing:~#
```

（2）使用 ICMP 时间戳 Ping 扫描

```
root@Wing:~# nmap -PP -v 163.com

Starting Nmap 6.47 at 2015-06-27 21:24 CST
Initiating Ping Scan at 21:24
Scanning 163.com (123.58.180.8) [1 port]
Completed Ping Scan at 21:24, 2.01s elapsed (1 total hosts)
Nmap scan report for 163.com (123.58.180.8) [host down]
Other addresses for 163.com (not scanned): 123.58.180.7

Note: Host seems down. If it is really up, but blocking our ping probes, try -Pn
Nmap done: 1 IP address (0 hosts up) scanned in 2.08 seconds
         Raw packets sent: 2 (80B) | Rcvd: 0 (0B)
root@Wing:~#
```

（3）使用 ICMP 地址掩码 Ping 扫描

```
root@Wing:~# nmap -PM -v 192.168.121.1

Starting Nmap 6.47 at 2015-06-27 21:27 CST
Initiating Ping Scan at 21:27
Scanning 192.168.121.1 [1 port]
Completed Ping Scan at 21:27, 2.01s elapsed (1 total hosts)
Nmap scan report for 192.168.121.1 [host down]
```

```
Note: Host seems down. If it is really up, but blocking our ping probes, try -Pn
Nmap done: 1 IP address (0 hosts up) scanned in 2.05 seconds
         Raw packets sent: 2 (64B) | Rcvd: 0 (0B)
root@Wing:~#
```

可以看到，不同的扫描方式穿过不同的防火墙时有着不同的结果。

2.9 ARP Ping 扫描

表 2.8 所示为本章节所需 Nmap 命令表，表中加粗命令为本小节所需命令——ARP Ping 扫描。

表 2.8　　本节所需命令

选　　项	解　　释
-sP	Ping 扫描
-P0	无 Ping 扫描
-PS	TCP SYN Ping 扫描
-PA	TCP ACK Ping 扫描
-PU	UDP Ping 扫描
-PE;-PP;-PM	ICMP Ping Types 扫描
-PR	**ARP Ping 扫描**
-n	禁止 DNS 反向解析
-R	反向解析域名
--system-dns	使用系统域名解析器
-sL	列表扫描
-6	扫描 IPv6 地址
--traceroute	路由跟踪
-PY	SCTP INIT Ping 扫描

-PR 选项通常在扫描局域网时使用。地址解析协议，即 ARP（Address Resolution Protocol），是根据 IP 地址获取物理地址的一个 TCP/IP 协议，其功能是：主机将 ARP 请求广播到网络上的所有主机，并接收返回消息，确定目标 IP 地址的物理地址，同时将 IP 地址和硬件地址存入本机 ARP 缓存中，下次请求时直接查询 ARP 缓存。

ARP Ping 扫描是 Nmap 对目标进行一个 ARP Ping 的过程，尤其在内网的情况下，使用 ARP Ping 扫描方式是最有效的，在本地局域网中防火墙不会禁止 ARP 请求，这就使得它比其他 Ping 扫描都更加高效，在内网中使用 ARP Ping 是非常有效的。在默认情况下，如果 Nmap 发现目标主机就在它所在的局域网上，会进行 ARP 扫描。即使指定了不同的 Ping 类型（如-PI 或者–PS），Nmap 也会对任何相同局域网上的目标机使用 ARP。如果不想使用 ARP 扫描，可以指定--send-ip。

```
root@Wing:~# nmap -PR 192.168.126.131

Starting Nmap 6.40 at 2014-06-09 20:51 CST
Nmap scan report for 192.168.126.131
Host is up (0.00049s latency).
Not shown: 977 closed ports
PORT     STATE SERVICE
21/tcp   open  ftp
22/tcp   open  ssh
23/tcp   open  telnet
25/tcp   open  smtp
53/tcp   open  domain
80/tcp   open  http
111/tcp  open  rpcbind
139/tcp  open  netbios-ssn
445/tcp  open  microsoft-ds
512/tcp  open  exec
513/tcp  open  login
514/tcp  open  shell
1099/tcp open  rmiregistry
1524/tcp open  ingreslock
2049/tcp open  nfs
2121/tcp open  ccproxy-ftp
3306/tcp open  mysql
5432/tcp open  postgresql
5900/tcp open  vnc
6000/tcp open  X11
6667/tcp open  irc
8009/tcp open  ajp13
8180/tcp open  unknown
MAC Address: 00:0C:29:E0:2E:76 (VMware)

Nmap done: 1 IP address (1 host up) scanned in 0.12 seconds
root@Wing:~#
```

2.10 扫描列表

表 2.9 所示为本章节所需 Nmap 命令表，表中加粗命令为本小节所需命令——列表扫描。

表 2.9　　本节所需命令

选　项	解　释
-sP	Ping 扫描
-P0	无 Ping 扫描
-PS	TCP SYN Ping 扫描
-PA	TCP ACK Ping 扫描
-PU	UDP Ping 扫描
-PE;-PP;-PM	ICMP Ping Types 扫描
-PR	ARP Ping 扫描
-n	禁止 DNS 反向解析
-R	反向解析域名
--system-dns	使用系统域名解析器
-sL	**列表扫描**
-6	扫描 IPv6 地址
--traceroute	路由跟踪
-PY	SCTP INIT Ping 扫描

列表扫描是主机发现的退化形式，它仅仅列出指定网络上的每台主机，不发送任何报文到目标主机。默认情况下，Nmap 仍然对主机进行反向域名解析以获取它们的名字。

```
root@Wing:~# nmap -sL 192.168.126.131/24

Starting Nmap 6.40 at 2014-06-09 21:08 CST
Nmap scan report for 192.168.126.0
Nmap scan report for 192.168.126.1
Nmap scan report for 192.168.126.2
Nmap scan report for 192.168.126.3
Nmap scan report for 192.168.126.4
Nmap scan report for 192.168.126.5
…省略…
Nmap scan report for 192.168.126.226
Nmap scan report for 192.168.126.227
Nmap scan report for 192.168.126.228
Nmap scan report for 192.168.126.229
Nmap scan report for 192.168.126.230
Nmap scan report for 192.168.126.231
Nmap scan report for 192.168.126.232
Nmap scan report for 192.168.126.233
Nmap scan report for 192.168.126.234
Nmap scan report for 192.168.126.235
Nmap scan report for 192.168.126.236
Nmap scan report for 192.168.126.237
Nmap scan report for 192.168.126.238
```

```
Nmap scan report for 192.168.126.239
Nmap scan report for 192.168.126.240
Nmap scan report for 192.168.126.241
Nmap scan report for 192.168.126.242
Nmap scan report for 192.168.126.243
Nmap scan report for 192.168.126.244
Nmap scan report for 192.168.126.245
Nmap scan report for 192.168.126.246
Nmap scan report for 192.168.126.247
Nmap scan report for 192.168.126.248
Nmap scan report for 192.168.126.249
Nmap scan report for 192.168.126.250
Nmap scan report for 192.168.126.251
Nmap scan report for 192.168.126.252
Nmap scan report for 192.168.126.253
Nmap scan report for 192.168.126.254
Nmap scan report for 192.168.126.255
Nmap done: 256 IP addresses (0 hosts up) scanned in 6.26 seconds
root@Wing:~#
```

2.11 禁止反向域名解析

表 2.10 所示为本章节所需 Nmap 命令表，表中加粗命令为本小节所需命令——禁止 DNS 反向解析。

表 2.10 本节所需命令

选　项	解　释
-sP	Ping 扫描
-P0	无 Ping 扫描
-PS	TCP SYN Ping 扫描
-PA	TCP ACK Ping 扫描
-PU	UDP Ping 扫描
-PE;-PP;-PM	ICMP Ping Types 扫描
-PR	ARP Ping 扫描
-n	**禁止 DNS 反向解析**
-R	反向解析域名
--system-dns	使用系统域名解析器
-sL	列表扫描
-6	扫描 IPv6 地址

续表

选　项	解　释
--traceroute	路由跟踪
-PY	SCTP INIT Ping 扫描

-n 选项意为禁止解析域名，使用该选项的时候 Nmap 永远不对目标 IP 地址作反向域名解析。

```
root@Wing:~# nmap -n -sL 124.172.156.75/24

Starting Nmap 6.40 at 2014-06-09 21:30 CST
Nmap scan report for 124.172.156.0
Nmap scan report for 124.172.156.1
Nmap scan report for 124.172.156.2
Nmap scan report for 124.172.156.3
Nmap scan report for 124.172.156.4
…省略…
Nmap scan report for 124.172.156.240
Nmap scan report for 124.172.156.241
Nmap scan report for 124.172.156.242
Nmap scan report for 124.172.156.243
Nmap scan report for 124.172.156.244
Nmap scan report for 124.172.156.245
Nmap scan report for 124.172.156.246
Nmap scan report for 124.172.156.247
Nmap scan report for 124.172.156.248
Nmap scan report for 124.172.156.249
Nmap scan report for 124.172.156.250
Nmap scan report for 124.172.156.251
Nmap scan report for 124.172.156.252
Nmap scan report for 124.172.156.253
Nmap scan report for 124.172.156.254
Nmap scan report for 124.172.156.255
Nmap done: 256 IP addresses (0 hosts up) scanned in 0.02 seconds
root@Wing:~#
```

该选项很少使用，如果是对一台有域名绑定的服务器通常不会使用该选项；如果是单纯扫描一段 IP，使用该选项可以大幅度减少目标主机的相应时间，从而更快地得到结果。

2.12 反向域名解析

表 2.11 所示为本章节所需 Nmap 命令表，表中加粗命令为本小节所需命令——反向解析域名。

表 2.11 本节所需命令

选　　项	解　　释
-sP	Ping 扫描
-P0	无 Ping 扫描
-PS	TCP SYN Ping 扫描
-PA	TCP ACK Ping 扫描
-PU	UDP Ping 扫描
-PE;-PP;-PM	ICMP Ping Types 扫描
-PR	ARP Ping 扫描
-n	禁止 DNS 反向解析
-R	**反向解析域名**
--system-dns	使用系统域名解析器
-sL	列表扫描
-6	扫描 IPv6 地址
--traceroute	路由跟踪
-PY	SCTP INIT Ping 扫描

-R 选项意为反向解析域名，使用该选项时 Nmap 永远对目标 IP 地址作反向域名解析。

```
root@Wing:~# nmap -R -sL *.172.156.75/24

Starting Nmap 6.40 at 2014-06-09 21:29 CST
Nmap scan report for *.172.156.0
Nmap scan report for *.172.156.1
Nmap scan report for *.172.156.2
Nmap scan report for *.172.156.3
Nmap scan report for *.172.156.4
…省略…
Nmap scan report for mail.***testarlight.com (*.172.156.229)
Nmap scan report for *.172.156.230
Nmap scan report for *.172.156.231
Nmap scan report for *.172.156.232
```

```
Nmap scan report for *.172.156.233
Nmap scan report for *.172.156.234
Nmap scan report for *.172.156.235
Nmap scan report for *.172.156.236
Nmap scan report for *.172.156.237
Nmap scan report for *.172.156.238
Nmap scan report for *.172.156.239
Nmap scan report for *.172.156.240
Nmap scan report for *.172.156.241
Nmap scan report for *.172.156.242
Nmap scan report for *.172.156.243
Nmap scan report for *.172.156.244
Nmap scan report for *.172.156.245
Nmap scan report for *.172.156.246
Nmap scan report for *.172.156.247
Nmap scan report for *.172.156.248
Nmap scan report for *.172.156.249
Nmap scan report for *.172.156.250
Nmap scan report for *.172.156.251
Nmap scan report for *.172.156.252
Nmap scan report for *.172.156.253
Nmap scan report for *.172.156.254
Nmap scan report for *.172.156.255
Nmap done: 256 IP addresses (0 hosts up) scanned in 4.41 seconds
root@Wing:~#
```

通过上述代码可以看到 Nmap 对*.172.156.229 进行了反向域名解析，其他 IP 地址并没有绑定域名。

> 该选项多用于绑定域名的服务器主机上，该选项的使用便于我们了解目标的详细信息。例如，在扫描一个 C 段的时候，我们更加清楚在哪一段 IP 上存在哪些网站。

2.13 使用系统域名解析器

表 2.12 所示为本章节所需 Nmap 命令表，表中加粗命令为本小节所需命令——使用系统域名解析器。

表 2.12 本节所需命令

选　项	解　释
-sP	Ping 扫描
-P0	无 Ping 扫描
-PS	TCP SYN Ping 扫描
-PA	TCP ACK Ping 扫描
-PU	UDP Ping 扫描
-PE;-PP;-PM	ICMP Ping Types 扫描
-PR	ARP Ping 扫描
-n	禁止 DNS 反向解析
-R	反向解析域名
--system-dns	**使用系统域名解析器**
-sL	列表扫描
-6	扫描 IPv6 地址
--traceroute	路由跟踪
-PY	SCTP INIT Ping 扫描

--system-dns 意为使用系统域名解析器。默认情况下 Nmap 通过直接发送查询到您主机上配置的域名服务器来解析域名。为了提高性能，许多请求（一般几十个）并发执行。如果您希望使用系统自带的解析器，就指定该选项（通过 getnameinfo()调用一次解析一个 IP）。

```
root@Wing:~# nmap --system-dns 192.168.126.2 192.168.126.131

Starting Nmap 6.40 at 2014-06-09 21:37 CST
Nmap scan report for 192.168.126.2
Host is up (0.00021s latency).
Not shown: 999 closed ports
PORT   STATE SERVICE
53/tcp open  domain
MAC Address: 00:50:56:F1:06:20 (VMware)

Nmap scan report for 192.168.126.131
Host is up (0.00021s latency).
Not shown: 977 closed ports
PORT     STATE SERVICE
21/tcp   open  ftp
22/tcp   open  ssh
23/tcp   open  telnet
25/tcp   open  smtp
53/tcp   open  domain
80/tcp   open  http
111/tcp  open  rpcbind
```

```
139/tcp  open  netbios-ssn
445/tcp  open  microsoft-ds
512/tcp  open  exec
513/tcp  open  login
514/tcp  open  shell
1099/tcp open  rmiregistry
1524/tcp open  ingreslock
2049/tcp open  nfs
2121/tcp open  ccproxy-ftp
3306/tcp open  mysql
5432/tcp open  postgresql
5900/tcp open  vnc
6000/tcp open  X11
6667/tcp open  irc
8009/tcp open  ajp13
8180/tcp open  unknown
MAC Address: 00:0C:29:E0:2E:76 (VMware)

Nmap done: 2 IP addresses (2 hosts up) scanned in 0.20 seconds
root@Wing:~#
```

2.14 扫描一个 IPv6 地址

表 2.13 所示为本章节所需 Nmap 命令表，表中加粗命令为本小节所需命令——扫描 IPv6 地址。

表 2.13　　本节所需命令

选　项	解　释
-sP	Ping 扫描
-P0	无 Ping 扫描
-PS	TCP SYN Ping 扫描
-PA	TCP ACK Ping 扫描
-PU	UDP Ping 扫描
-PE;-PP;-PM	ICMP Ping Types 扫描
-PR	ARP Ping 扫描
-n	禁止 DNS 反向解析
-R	反向解析域名
--system-dns	使用系统域名解析器
-sL	列表扫描
-6	**扫描 IPv6 地址**

续表

选　项	解　释
--traceroute	路由跟踪
-PY	SCTP INIT Ping 扫描

IPv6 是 Internet Protocol Version 6 的缩写，其中，Internet Protocol 译为“互联网协议”。IPv6 是 IETF（Internet Engineering Task Force，互联网工程任务组）设计的用于替代现行版本 IP 协议（IPv4）的下一代 IP 协议。目前 IP 协议的版本号是 4（简称为 IPv4），它的下一个版本就是 IPv6。

Nmap 很早就支持对 IPv6 的扫描，我们在 Nmap 选项中使用-6 选项就可以进行对 IPv6 的扫描。

```
root@Wing:~# nmap -6 fe80::20c:29ff:fee0:2e76

Starting Nmap 6.40 at 2014-06-10 16:50 CST
Nmap scan report for fe80::20c:29ff:fee0:2e76
Host is up (0.00040s latency).
Not shown: 996 closed ports
PORT     STATE SERVICE
22/tcp   open  ssh
53/tcp   open  domain
2121/tcp open  ccproxy-ftp
5432/tcp open  postgresql
MAC Address: 00:0C:29:E0:2E:76 (VMware)

Nmap done: 1 IP address (1 host up) scanned in 0.15 seconds
root@Wing:~#
```

> IPv6 将会逐渐替换 IPv4，但在一段相当长的时间内，IPv4 还会大量地存在。后面章节演示的 IP 则都是 IPv4 地址，如果需要扫描 IPv6 地址，则需要在每个语句的 IPv6 目标地址前面加上-6 选项。

2.15 路由跟踪

表 2.14 所示为本章节所需 Nmap 命令表，表中加粗命令为本小节所需命令——路由跟踪。

表 2.14　　本节所需命令

选　　项	解　　释
-sP	Ping 扫描
-P0	无 Ping 扫描
-PS	TCP SYN Ping 扫描
-PA	TCP ACK Ping 扫描
-PU	UDP Ping 扫描
-PE;-PP;-PM	ICMP Ping Types 扫描
-PR	ARP Ping 扫描
-n	禁止 DNS 反向解析
-R	反向解析域名
--system-dns	使用系统域名解析器
-sL	列表扫描
-6	扫描 IPv6 地址
--traceroute	**路由跟踪**
-PY	SCTP INIT Ping 扫描

使用--traceroute 选项即可进行路由跟踪，使用路由跟踪功能可以帮助用户了解网络的同行情况，通过此选项可以轻松地查出从本地计算机到目标之间所经过的网络节点，并可以看到通过各个节点的时间。

```
root@Wing:~# nmap --traceroute -v www.163.com

Starting Nmap 6.47 at 2015-06-27 21:04 CST
Initiating Ping Scan at 21:04
Scanning www.163.com (112.253.19.198) [4 ports]    #此处解析出网易服务器地址
Completed Ping Scan at 21:04, 0.00s elapsed (1 total hosts)
Initiating Parallel DNS resolution of 1 host. at 21:04
Completed Parallel DNS resolution of 1 host. at 21:04, 0.02s elapsed
Initiating SYN Stealth Scan at 21:04
Scanning www.163.com (112.253.19.198) [1000 ports]
Discovered open port 80/tcp on 112.253.19.198
Discovered open port 8080/tcp on 112.253.19.198
Discovered open port 443/tcp on 112.253.19.198
Discovered open port 8888/tcp on 112.253.19.198
Discovered open port 88/tcp on 112.253.19.198
Discovered open port 3000/tcp on 112.253.19.198
Discovered open port 9080/tcp on 112.253.19.198
Discovered open port 8085/tcp on 112.253.19.198
adjust_timeouts2: packet supposedly had rtt of 9022009 microseconds.  Ignoring time.
adjust_timeouts2: packet supposedly had rtt of 9022009 microseconds.  Ignoring time.
Discovered open port 8383/tcp on 112.253.19.198
```

```
SYN Stealth Scan Timing: About 30.05% done; ETC: 21:05 (0:01:12 remaining)
Discovered open port 7001/tcp on 112.253.19.198
Discovered open port 8088/tcp on 112.253.19.198
Discovered open port 3030/tcp on 112.253.19.198
SYN Stealth Scan Timing: About 62.28% done; ETC: 21:05 (0:00:37 remaining)
Discovered open port 8082/tcp on 112.253.19.198
Discovered open port 20000/tcp on 112.253.19.198
RTTVAR has grown to over 2.3 seconds, decreasing to 2.0
RTTVAR has grown to over 2.3 seconds, decreasing to 2.0
RTTVAR has grown to over 2.3 seconds, decreasing to 2.0
RTTVAR has grown to over 2.3 seconds, decreasing to 2.0
Completed SYN Stealth Scan at 21:06, 114.52s elapsed (1000 total ports)
Initiating Traceroute at 21:06
RTTVAR has grown to over 2.3 seconds, decreasing to 2.0
RTTVAR has grown to over 2.3 seconds, decreasing to 2.0
Completed Traceroute at 21:06, 0.03s elapsed
Initiating Parallel DNS resolution of 2 hosts. at 21:06
Completed Parallel DNS resolution of 2 hosts. at 21:06, 0.01s elapsed
Nmap scan report for www.163.com (112.253.19.198)
Host is up (1.1s latency).
Other addresses for www.163.com (not scanned): 218.58.206.54
Not shown: 980 closed ports
PORT      STATE    SERVICE
80/tcp    open     http
88/tcp    open     kerberos-sec
135/tcp   filtered msrpc
139/tcp   filtered netbios-ssn
443/tcp   open     https
445/tcp   filtered microsoft-ds
514/tcp   filtered shell
593/tcp   filtered http-rpc-epmap
3000/tcp  open     ppp
3030/tcp  open     arepa-cas
4444/tcp  filtered krb524
7001/tcp  open     afs3-callback
8080/tcp  open     http-proxy
8082/tcp  open     blackice-alerts
8085/tcp  open     unknown
8088/tcp  open     radan-http
8383/tcp  open     m2mservices
8888/tcp  open     sun-answerbook
9080/tcp  open     glrpc
20000/tcp open     dnp

TRACEROUTE (using port 80/tcp)    #经过网易服务器的 80 端口
HOP RTT     ADDRESS
1   0.13 ms 192.168.239.2
2   0.13 ms 112.253.19.198
```

```
Nmap done: 1 IP address (1 host up) scanned in 114.74 seconds
         Raw packets sent: 1098 (48.240KB) | Rcvd: 1091 (43.724KB)
root@Wing:~#
```

2.16 SCTP INIT Ping 扫描

表 2.15 所示为本章节所需 Nmap 命令表，表中加粗命令为本小节所需命令——SCTP INIT Ping 扫描。

表 2.15　　本节所需命令

选　项	解　释
-sP	Ping 扫描
-P0	无 Ping 扫描
-PS	TCP SYN Ping 扫描
-PA	TCP ACK Ping 扫描
-PU	UDP Ping 扫描
-PE;-PP;-PM	ICMP Ping Types 扫描
-PR	ARP Ping 扫描
-n	禁止 DNS 反向解析
-R	反向解析域名
--system-dns	使用系统域名解析器
-sL	列表扫描
-6	扫描 IPv6 地址
--traceroute	路由跟踪
-PY	**SCTP INIT Ping 扫描**

SCTP（Stream Control Transmission Protocol，流控制传输协议）是 IETF（Internet Engineering Task Force，因特网工程任务组）在 2000 年定义的一个传输层（Transport Layer）协议。SCTP 可以看作是 TCP 协议的改进，它改进了 TCP 的一些不足，SCTP INIT Ping 扫描通过向目标发送 INIT 包，根据目标主机的相应判断目标主机是否存活。

```
root@Wing:~# nmap -PY -v 192.168.121.1

Starting Nmap 6.47 at 2015-06-28 12:39 CST
Initiating Ping Scan at 12:39
Scanning 192.168.121.1 [1 port]
Completed Ping Scan at 12:39, 0.00s elapsed (1 total hosts)
```

```
Nmap scan report for 192.168.121.1 [host down]
Read data files from: /usr/bin/../share/nmap
Note: Host seems down. If it is really up, but blocking our ping probes, try -Pn
Nmap done: 1 IP address (0 hosts up) scanned in 0.06 seconds
         Raw packets sent: 1 (52B) | Rcvd: 1 (80B)
root@Wing:~#
```

从输出的结果可以看到目标主机是不存活的。

第 3 章　探索网络

本章知识点

- 端口介绍
- 端口扫描介绍
- 从 Nmap 识别端口状态
- 时序选项
- 端口扫描顺序
- TCP SYN 扫描
- TCP 连接扫描
- UDP 扫描
- TCP Null、FIN、Xmas 扫描
- TCP ACK 扫描
- TCP 窗口扫描
- TCP Maimon 扫描
- 自定义 TCP 扫描
- 空闲扫描
- IP 协议扫描
- FTP Bounce 扫描

本章节将介绍多种扫描端口的方式，对于不同的端口或者是不同的主机有着不同的扫描方式。通过合理的对扫描选项的使用可以准确得到目标端口的开放状态，甚至获得目标端口服务名称。

本章选项

表 3.1 所示为本章节所需 Nmap 命令表，为方便读者查阅笔者特此整理。

表 3.1 本节所需选项

选　项	解　释
-T	时序选项
-p	端口扫描顺序
-sS	TCP SYN 扫描
-sT	TCP 连接扫描
-sU	UDP 扫描
-sN;-sF;-sX	隐蔽扫描
-sA	TCP ACK 扫描
-sW	TCP 窗口扫描
-sM	TCP Maimon 扫描
--scanflags	自定义 TCP 扫描
-sI	空闲扫描
-sO	IP 协议扫描
-b	FTP Bounce 扫描

3.1 端口介绍

端口是指接口电路中的一些寄存器，这些寄存器分别用来存放数据信息、控制信息和状态信息，相应的端口分别称为数据端口、控制端口和状态端口。

电脑运行的系统程序，其实就像一个闭合的圆圈，但是电脑是为人服务的，它需要接受一些指令，并且按照指令调整系统功能来工作，于是系统程序设计者就把这个圆圈截成很多段，这些线段接口就叫端口（通俗讲是断口，就是中断）。系统运行到这些端口时，先判断端口是否打开或关闭，如果关闭，则是绳子接通了，系统往下运行；如果端口是打开的，系统就得到命令，有外部数据输入，接受外部数据并执行。

TCP 端口

TCP（Transmission Control Protocol，传输控制协议）是一种面向连接（连接导向）的、可靠的、基于字节流的传输层（Transport layer）通信协议，由 IETF 的 RFC 793 说明（specified）。

在简化的计算机网络 OSI 模型中，它完成第四层传输层所指定的功能，UDP 是同一层内另一个重要的传输协议。

UDP 端口

UDP 是 ISO 参考模型中一种无连接的传输层协议，提供面向事务的简单不可靠信息传送服务。UDP 协议基本上是 IP 协议与上层协议的接口。UDP 协议适用端口分别运行在同一台设备上的多个应用程序。

协议端口

端口如同是一座房间的门，那这间房子有多少个门呢？有 65536 个之多，也就是说端口的取值范围是 0～65535。

在 Internet 上，各主机间通过 TCP/IP 协议发送和接收数据包，各个数据包根据其目的主机的 IP 地址来进行互联网络中的路由选择。可见，把数据包顺利地传送到目的主机是没有问题的。问题出在哪里呢?我们知道，大多数操作系统都支持多程序（进程）同时运行，那么目的主机应该把接收到的数据包传送给众多同时运行的进程中的哪一个呢？显然这个问题有待解决，端口机制便由此被引入进来。

本地操作系统会给那些有需求的进程分配协议端口（protocol port，即我们常说的端口），每个协议端口由一个正整数标识，如 80、139、445 等。当目的主机接收到数据包后，将根据报文首部的目的端口号，把数据发送到相应端口，而与此端口相对应的那个进程将会领取数据并等待下一组数据的到来。

端口其实就是队，操作系统为各个进程分配了不同的队，数据包按照目的端口被推入相应的队中，等待被进程取用，在极特殊的情况下，这个队也是有可能溢出的，不过操作系统允许各进程指定和调整自己队的大小。

不只接受数据包的进程需要开启它自己的端口，发送数据包的进程也需要开启端口。这样，数据包中将会标识有源端口，以便接受方能顺利地回传数据包到这个端口。

3.2 端口扫描介绍

端口扫描是指人为发送一组端口扫描消息，试图以此了解某台计算机的弱点，并了解其提供的计算机网络服务类型（这些网络服务均与端口号相关）。端口扫描是计算机解密高手喜欢的一种方式。攻击者可以通过它了解到从哪里可探寻到攻击弱点。实质上，端口扫描包括向每个端口发送消息，一次只发送一个消息。接收到的回应类型表示是否在使用该端口并且可由此探寻弱点。

需要注意的是，Nmap 并不是每次结果都是准确的，所有的结果是根据目标或目标的防火墙反馈回来的报文，虽然 Nmap 一直在提高自己的准确度，但也不是可以完全避免的，所以我们可能需要通过多种方式扫描，最后才能确认准确的返回数据。

Nmap 支持的扫描技术有十几种，我们每次在进行扫描的时候一般只会采用其中的一种办法。有一个非常有趣的现象，在 Nmap 中的端口扫描方式中，所有的扫描选项都是以-s<x>形式出现的。若是 ACK 扫描则是-sA，若是 UDP 扫描则是-sU。

3.3 从 Nmap 识别端口状态

使用 Nmap 进行扫描的时候，Nmap 会把扫描到的端口信息反馈回来，我们从反馈回来的信息就可以判断目标端口情况，甚至知道目标的安全情况如何。

Nmap 提供了 6 个端口状态，帮助我们了解目标。

第一种状态：Open

发现这一点是端口扫描工具的职责所在，每一个端口就可能会是一次被攻击成功的大门，管理员也不会将一个端口随便关闭，这会使合法用户产生不必要的麻烦。当我们使用 Nmap 进行端口扫描时，如果端口状态为 Open，说明此端口对外为开放状态，确定为 Open 状态便于我们制定下一步的渗透计划。

第二种状态：Closed

当端口关闭的时候 Nmap 也可以轻而易举地将其检测出来，因为接受了 Nmap 的探测报文并作出了响应，当然，这也不能忽略是管理员的一个欺骗攻击者的把戏，如果发现没有开放的端口，可以等待一会再次扫描一下可能又呈现开放状态了。如果管理员掌握一定的安全技术，可能会使用防火墙对这些端口进行防护，不过，这并不会阻碍我们发现这个端口，如果被未知或已知的防火墙阻挡访问目标端口，Nmap 也会提示“我遇到了一些情况，好像被防火墙挡住了。”

第三种状态：Filtered

前面讲到掌握一定安全技术的管理员会布置一个防火墙设备或者是通过设置路由器的规则阻止 Nmap 的扫描，当 Nmap 遇到防火墙设备或是路由器规则的时候，Nmap 的报文就会被过滤达到目标端口，这样就会使 Nmap 无法判断目标端口到底是否开放了。出现被过滤现象并不代表一定是被某些专业的设备过滤了，也许是因为网络堵塞造成的，建议遇到被过滤状态时分不同的时间段再次进行扫描。

第四种状态：Unfiltered

未被过滤状态意味着端口可以访问，但是 Nmap 并不能判断目标端口处于开放状态还是关闭状态，这里需要重申的是目标端口是否可以访问与是否开放并无太大的联系，例如，关闭的端口也可以接受 Nmap 发出去的探测报文。需要注意的是，当我们使用 ACK 扫描时才会呈现出这种状态，这时我们可以换一种扫描方式去进行扫描，以便于进一步确认目标端口是否开放。

第五种状态：Open|Filtered

开放还是过滤的，如果 Nmap 发出去的探测报文并没有得到目标端口的相应，那可能会是受到了某些专业设备的阻挡，但这也不是完全一个被过滤的状态，这时 Nmap 就会呈现出目标端口是开放还是被过滤的。出现这种状态不妨换一种扫描方式进一步确认目标端口是开放还是被过滤的。

第六种状态：Closed|Filtered

该状态用于 Nmap 不能确定端口是关闭的还是被过滤的。值得注意的是，它只可能出现在 IPID Idle 扫描中。

> 牢记端口的 6 种状态，这样可以更加直观方便地获得 Nmap 的第一手数据。

3.4 时序选项

表 3.2 所示为本章节所需 Nmap 命令表，表中加粗命令为本小节所需命令——时序选项。

表 3.2 本节所需选项

选 项	解 释
-T	**时序选项**
-p|-F	常用扫描方式
-sS	TCP SYN 扫描
-sT	TCP 连接扫描
-sU	UDP 扫描
-sN;-sF;-sX	隐蔽扫描
-sA	TCP ACK 扫描
-sW	TCP 窗口扫描
-sM	TCP Maimon 扫描
--scanflags	自定义 TCP 扫描
-sI	空闲扫描
-sO	IP 协议扫描
-b	FTP Bounce 扫描

在 Nmap 中使用-T（0-5）可以启用时序选项，对于时序选项这里有 0～5 不同的选项。

-T0（偏执的）：非常慢的扫描，用于 IDS 逃避。

-T1（鬼祟的）：缓慢的扫描，用于 IDS 逃避。

-T2（文雅的）：降低速度以降低对带宽的消耗，此选项一般不常用。

-T3（普通的）：默认，根据目标的反应自动调整时间。

-T4（野蛮的）：快速扫描，常用扫描方式，需要在很好的网络环境下进行扫描，请求可能会淹没目标。

-T5（疯狂的）：极速扫描，这种扫描方式以牺牲准确度来提升扫描速度。

Nmap 使用-T0 选项对目标进行扫描。

```
root@Wing:~# nmap -T0 192.168.126.131

Starting Nmap 6.40 at 2015-06-10 17:37 CST
Nmap scan report for 192.168.126.131
Host is up (0.00036s latency).
Not shown: 977 closed ports
PORT     STATE SERVICE
21/tcp   open  ftp
22/tcp   open  ssh
23/tcp   open  telnet
25/tcp   open  smtp
53/tcp   cpen  domain
```

```
80/tcp   open  http
111/tcp  open  rpcbind
139/tcp  open  netbios-ssn
445/tcp  open  microsoft-ds
512/tcp  open  exec
513/tcp  open  login
514/tcp  open  shell
1099/tcp open  rmiregistry
1524/tcp open  ingreslock
2049/tcp open  nfs
2121/tcp open  ccproxy-ftp
3306/tcp open  mysql
5432/tcp open  postgresql
5900/tcp open  vnc
6000/tcp open  X11
6667/tcp open  irc
8009/tcp open  ajp13
8180/tcp open  unknown
MAC Address: 00:0C:29:E0:2E:76 (VMware)

Nmap done: 1 IP address (1 host up) scanned in 76.15 seconds
root@Wing:~#
```

Nmap 使用-T1 选项对目标进行扫描。

```
root@Wing:~# nmap -T1 192.168.126.131

Starting Nmap 6.40 at 2015-06-10 17:38 CST
Nmap scan report for 192.168.126.131
Host is up (0.00036s latency).
Not shown: 977 closed ports
PORT     STATE SERVICE
21/tcp   open  ftp
22/tcp   open  ssh
23/tcp   open  telnet
25/tcp   open  smtp
53/tcp   open  domain
80/tcp   open  http
111/tcp  open  rpcbind
139/tcp  open  netbios-ssn
445/tcp  open  microsoft-ds
512/tcp  open  exec
513/tcp  open  login
514/tcp  open  shell
1099/tcp open  rmiregistry
1524/tcp open  ingreslock
2049/tcp open  nfs
2121/tcp open  ccproxy-ftp
3306/tcp open  mysql
5432/tcp open  postgresql
```

```
5900/tcp open  vnc
6000/tcp open  X11
6667/tcp open  irc
8009/tcp open  ajp13
8180/tcp open  unknown
MAC Address: 00:0C:29:E0:2E:76 (VMware)

Nmap done: 1 IP address (1 host up) scanned in 53.15 seconds
root@Wing:~#
```

Nmap 使用-T2 选项对目标进行扫描。

```
root@Wing:~# nmap -T2 192.168.126.131

Starting Nmap 6.40 at 2015-06-10 17:40 CST
Nmap scan report for 192.168.126.131
Host is up (0.00036s latency).
Not shown: 977 closed ports
PORT     STATE SERVICE
21/tcp   open  ftp
22/tcp   open  ssh
23/tcp   open  telnet
25/tcp   open  smtp
53/tcp   open  domain
80/tcp   open  http
111/tcp  open  rpcbind
139/tcp  open  netbios-ssn
445/tcp  open  microsoft-ds
512/tcp  open  exec
513/tcp  open  login
514/tcp  open  shell
1099/tcp open  rmiregistry
1524/tcp open  ingreslock
2049/tcp open  nfs
2121/tcp open  ccproxy-ftp
3306/tcp open  mysql
5432/tcp open  postgresql
5900/tcp open  vnc
6000/tcp open  X11
6667/tcp open  irc
8009/tcp open  ajp13
8180/tcp open  unknown
MAC Address: 00:0C:29:E0:2E:76 (VMware)

Nmap done: 1 IP address (1 host up) scanned in 36.15 seconds
root@Wing:~#
```

Nmap 使用-T3 选项对目标进行扫描。

```
root@Wing:~# nmap -T3 192.168.126.131
```

```
Starting Nmap 6.40 at 2015-06-10 17:47 CST
Nmap scan report for 192.168.126.131
Host is up (0.00036s latency).
Not shown: 977 closed ports
PORT     STATE SERVICE
21/tcp   open  ftp
22/tcp   open  ssh
23/tcp   open  telnet
25/tcp   open  smtp
53/tcp   open  domain
80/tcp   open  http
111/tcp  open  rpcbind
139/tcp  open  netbios-ssn
445/tcp  open  microsoft-ds
512/tcp  open  exec
513/tcp  open  login
514/tcp  open  shell
1099/tcp open  rmiregistry
1524/tcp open  ingreslock
2049/tcp open  nfs
2121/tcp open  ccproxy-ftp
3306/tcp open  mysql
5432/tcp open  postgresql
5900/tcp open  vnc
6000/tcp open  X11
6667/tcp open  irc
8009/tcp open  ajp13
8180/tcp open  unknown
MAC Address: 00:0C:29:E0:2E:76 (VMware)

Nmap done: 1 IP address (1 host up) scanned in 12.17 seconds
root@Wing:~#
```

Nmap 使用-T4 选项对目标进行扫描。

```
root@Wing:~# nmap -T4 192.168.126.131

Starting Nmap 6.40 at 2015-06-10 17:47 CST
Nmap scan report for 192.168.126.131
Host is up (0.00034s latency).
Not shown: 977 closed ports
PORT     STATE SERVICE
21/tcp   open  ftp
22/tcp   open  ssh
23/tcp   open  telnet
25/tcp   open  smtp
53/tcp   open  domain
80/tcp   open  http
111/tcp  open  rpcbind
```

```
139/tcp  open  netbios-ssn
445/tcp  open  microsoft-ds
512/tcp  open  exec
513/tcp  open  login
514/tcp  open  shell
1099/tcp open  rmiregistry
1524/tcp open  ingreslock
2049/tcp open  nfs
2121/tcp open  ccproxy-ftp
3306/tcp open  mysql
5432/tcp open  postgresql
5900/tcp open  vnc
6000/tcp open  X11
6667/tcp open  irc
8009/tcp open  ajp13
8180/tcp open  unknown
MAC Address: 00:0C:29:E0:2E:76 (VMware)

Nmap done: 1 IP address (1 host up) scanned in 0.34 seconds
root@Wing:~#
```

Nmap 使用-T5 选项对目标进行扫描。

```
root@Wing:~# nmap -T5 192.168.126.131

Starting Nmap 6.40 at 2015-06-10 17:47 CST
Nmap scan report for 192.168.126.131
Host is up (0.00036s latency).
Not shown: 977 closed ports
PORT     STATE SERVICE
21/tcp   open  ftp
22/tcp   open  ssh
23/tcp   open  telnet
25/tcp   open  smtp
53/tcp   open  domain
80/tcp   open  http
111/tcp  open  rpcbind
139/tcp  open  netbios-ssn
445/tcp  open  microsoft-ds
512/tcp  open  exec
513/tcp  open  login
514/tcp  open  shell
1099/tcp open  rmiregistry
1524/tcp open  ingreslock
2049/tcp open  nfs
2121/tcp open  ccproxy-ftp
3306/tcp open  mysql
5432/tcp open  postgresql
5900/tcp open  vnc
6000/tcp open  X11
```

```
6667/tcp open  irc
8009/tcp open  ajp13
8180/tcp open  unknown
MAC Address: 00:0C:29:E0:2E:76 (VMware)

Nmap done: 1 IP address (1 host up) scanned in 0.15 seconds
root@Wing:~#
```

Nmap 的-T0～-T5 的选项是一个由慢到快的扫描方式。其中，慢的扫描多用于 IDS 逃避。现在的带宽已经足够了，我们就很少用减少带宽的目的进行慢速扫描。在允许的情况下，我们一般用-T4 进行扫描，这样保证了可以在最少的时间内扫描到尽可能精确的数据。

> -T 选项的单一使用并不会有很好的效果，配合-F 选项则可以很大程度的提高扫描速度与效果，但切不可追求过快的扫描速度，这会使得到的数据得不到保证。

3.5 常用扫描方式

表 3.3 所示为本章节所需 Nmap 命令表，表中加粗命令为本小节所需命令——常用扫描方式。

表 3.3 本节所需命令

选　项	解　释
-T	时序选项
-p|-F	**常用扫描方式**
-sS	TCP SYN 扫描
-sT	TCP 连接扫描
-sU	UDP 扫描
-sN;-sF;-sX	隐蔽扫描
-sA	TCP ACK 扫描
-sW	TCP 窗口扫描
-sM	TCP Maimon 扫描
--scanflags	自定义 TCP 扫描

续表

选　　项	解　　释
-sI	空闲扫描
-sO	IP 协议扫描
-b	FTP Bounce 扫描

在默认情况下，Nmap 对端口的扫描方式是按照从小到大进行的，或者是参照 nmap-services 中文件列出的端口进行扫描。

-p 选项

通过该选项可以指定一个您想要扫描的端口号，可以指定一个唯一的值也可以指定一个范围，如 80～998。

```
root@Wing:~# nmap -p 445 192.168.126.131

Starting Nmap 6.40 at 2015-06-10 19:20 CST
Nmap scan report for 192.168.126.131
Host is up (0.00032s latency).
PORT    STATE SERVICE
445/tcp open  microsoft-ds
MAC Address: 00:0C:29:E0:2E:76 (VMware)

Nmap done: 1 IP address (1 host up) scanned in 0.09 seconds
root@Wing:~# nmap -p 445-1000 192.168.126.131

Starting Nmap 6.40 at 2015-06-10 19:20 CST
Nmap scan report for 192.168.126.131
Host is up (0.00027s latency).
Not shown: 552 closed ports
PORT    STATE SERVICE
445/tcp open  microsoft-ds
512/tcp open  exec
513/tcp open  login
514/tcp open  shell
MAC Address: 00:0C:29:E0:2E:76 (VMware)

Nmap done: 1 IP address (1 host up) scanned in 0.11 seconds
root@Wing:~#
```

如果既想扫描 TCP 端口又想扫描 UDP 端口，可以在端口号前加上“T:”或“U:”，分别代表 TCP 协议与 UDP 协议。注意，要既扫描 UDP 又扫描 TCP，必须指定-sU 以及至少一个 TCP 扫描类型（如-sS，-sF，或者–sT）。如果没有给定协议限定符，端口号会被加到所有协议列表。

```
root@Wing:~# nmap -sS -p T:111,U:445 192.168.126.131

Starting Nmap 6.40 at 2015-06-10 20:03 CST
Nmap scan report for 192.168.126.131
Host is up (0.00029s latency).
PORT    STATE SERVICE
111/tcp open  rpcbind
MAC Address: 00:0C:29:E0:2E:76 (VMware)

Nmap done: 1 IP address (1 host up) scanned in 2.12 seconds
root@Wing:~#
```

–F 选项

使用该选项可以快速地扫描端口，但并不是所有的端口都会扫描，只会扫描有限的端口，在 Nmap 中 nmap-services 包含了默认扫描的端口，也可以用--datadir 选项指定自己的 nmap-services 文件。

```
root@Wing:~# nmap -F 192.168.126.131

Starting Nmap 6.40 at 2015-06-10 20:10 CST
Nmap scan report for 192.168.126.131
Host is up (0.00031s latency).
Not shown: 82 closed ports
PORT     STATE SERVICE
21/tcp   open  ftp
22/tcp   open  ssh
23/tcp   open  telnet
25/tcp   open  smtp
53/tcp   open  domain
80/tcp   open  http
111/tcp  open  rpcbind
139/tcp  open  netbios-ssn
445/tcp  open  microsoft-ds
513/tcp  open  login
514/tcp  open  shell
2049/tcp open  nfs
2121/tcp open  ccproxy-ftp
3306/tcp open  mysql
5432/tcp open  postgresql
5900/tcp open  vnc
6000/tcp open  X11
8009/tcp open  ajp13
MAC Address: 00:0C:29:E0:2E:76 (VMware)

Nmap done: 1 IP address (1 host up) scanned in 0.10 seconds
root@Wing:~#
```

-r 选项

使用该选项不会对端口进行随机顺序扫描，默认情况下，Nmap 是随机顺序扫描端口的，一般我们也会选择 Nmap 进行随机扫描，但也可以使用这个选项来进行排序。

--top-ports 选项

Nmap 对端口开放概率的调查结果保存在 nmap-services 中，在这之中罗列的是开发概率最高的 1000 个 TCP 端口，这个功能便于我们发现具体而又有用的端口。

```
root@Wing:~# nmap --top-ports 100 192.168.126.131

Starting Nmap 6.40 ( http://nmap.org ) at 2015-06-11 13:29 CST
Nmap scan report for 192.168.126.131
Host is up (0.00021s latency).
Not shown: 82 closed ports
PORT     STATE SERVICE
21/tcp   open  ftp
22/tcp   open  ssh
23/tcp   open  telnet
25/tcp   open  smtp
53/tcp   open  domain
80/tcp   open  http
111/tcp  open  rpcbind
139/tcp  open  netbios-ssn
445/tcp  open  microsoft-ds
513/tcp  open  login
514/tcp  open  shell
2049/tcp open  nfs
2121/tcp open  ccproxy-ftp
3306/tcp open  mysql
5432/tcp open  postgresql
5900/tcp open  vnc
6000/tcp open  X11
8009/tcp open  ajp13
MAC Address: 00:0C:29:E0:2E:76 (VMware)

Nmap done: 1 IP address (1 host up) scanned in 0.12 seconds
root@Wing:~#
```

以上输出结果为扫描 100 个开放率最高的端口。

--port-ratio 选项

通过 Nmap 官方调查的端口开放概率，使用该选项会扫描指定一定概率以上的端口，它跟 --top-porst 选项较为相似，只是这里的参数作为频率来使用，具体范围在 nmap-services 文件中已有详细说明。

> -p 选项后面可以直接跟端口号，不需要空格，例如-p80 的形式。但大多数情况下，为了 Nmap 语句的严谨性或便于调试，建议使用空格进行分割。

3.6 TCP SYN 扫描

表 3.4 所示为本章节所需 Nmap 命令表，表中加粗命令为本小节所需命令——TCP SYN 扫描。

表 3.4 本节所需命令

选 项	解 释
-T	时序选项
-p|-F	常用扫描方式
-sS	**TCP SYN 扫描**
-sT	TCP 连接扫描
-sU	UDP 扫描
-sN;-sF;-sX	隐蔽扫描
-sA	TCP ACK 扫描
-sW	TCP 窗口扫描
-sM	TCP Maimon 扫描
--scanflags	自定义 TCP 扫描
-sI	空闲扫描
-sO	IP 协议扫描
-b	FTP Bounce 扫描

-sS 扫描方式是比较常用的一种扫描方式，这得益于它的扫描速度，平均一秒可以扫描上千个端口。SYN 的扫描方式是相对来说比较隐蔽的扫描方式，很难被防火墙或管理员发现，因为它并不会进行 TCP 的链接，在前面讲到端口开放状态时，如果发现目标端口出现被开放或过滤的情况，可以考虑使用 SYN 扫描的方式进行扫描，SYN 扫描可以很明确地区分出端口的开放状态，这是一种高效而且非常有用的扫描方式。

它常常被称为半开放扫描，因为它不打开一个完全的 TCP 连接即 3 次握手。TCP 连接扫描会调用打开目标上相关端口的连接并完成 3 次握手，这样做有可能被目标主机察觉，如果使用 TCP SYN 扫描的话，则不会轻易被目标主机发现。

目标主机端口是关闭的情况下，Nmap 的工作流程为向目标主机发送一个 SYN 包请求连接，如果收到 RST 包则表明无法连接目标主机，即目标主机端口关闭。如果目标主机端口是开放的，Nmap 的工作流程为向目标主机发送一个 SYN 包，请求连接，目标主机接收到请求后会响应一个 SYN/ACK 包，当 Nmap 收到目标主机的响应后，则向目标发送一个 RST 替代 ACK 包，连接结束，则此时 3 次握手并没有完成。

```
root@Wing:~# nmap -sS 192.168.126.131

Starting Nmap 6.40 ( http://nmap.org ) at 2015-06-10 21:43 CST
Nmap scan report for 192.168.126.131
Host is up (0.00029s latency).
Not shown: 977 closed ports
PORT     STATE SERVICE
21/tcp   open  ftp
22/tcp   open  ssh
23/tcp   open  telnet
25/tcp   open  smtp
53/tcp   open  domain
80/tcp   open  http
111/tcp  open  rpcbind
139/tcp  open  netbios-ssn
445/tcp  open  microsoft-ds
512/tcp  open  exec
513/tcp  open  login
514/tcp  open  shell
1099/tcp open  rmiregistry
1524/tcp open  ingreslock
2049/tcp open  nfs
2121/tcp open  ccproxy-ftp
3306/tcp open  mysql
5432/tcp open  postgresql
5900/tcp open  vnc
6000/tcp open  X11
6667/tcp open  irc
8009/tcp open  ajp13
8180/tcp open  unknown
MAC Address: 00:0C:29:E0:2E:76 (VMware)

Nmap done: 1 IP address (1 host up) scanned in 0.15 seconds
root@Wing:~#
```

在 SYN 扫描不能用时，TCP 连接扫描会使用默认的 TCP 扫描。

3.7 TCP 连接扫描

表 3.5 所示为本章节所需 Nmap 命令表，表中加粗命令为本小节所需命令——TCP 连接扫描。

表 3.5　　本节所需命令

选　　项	解　　释
-T	时序选项
-p|-F	常用扫描方式
-sS	TCP SYN 扫描
-sT	**TCP 连接扫描**
-sU	UDP 扫描
-sN;-sF;-sX	隐蔽扫描
-sA	TCP ACK 扫描
-sW	TCP 窗口扫描
-sM	TCP Maimon 扫描
--scanflags	自定义 TCP 扫描
-sI	空闲扫描
-sO	IP 协议扫描
-b	FTP Bounce 扫描

-sT 选项是用于 SYN 扫描不能使用的时候，它是 TCP 连接扫描，因为 Nmap 会在每个端口上完成 3 次握手，基本不会对目标主机进行泛洪攻击或导致目标主机崩溃，所以 TCP 连接扫描是端口扫描中最基础、最稳定的扫描方式。

当 SYN 扫描可用时，它通常是更好的选择。因为 Nmap 对高层的 connect()调用比对原始报文控制更少，所以前者效率较低。TCP 扫描不仅花更长时间，需要更多报文得到同样信息，目标机也更可能记录下连接。IDS（入侵检测系统）可以捕获两者，但大部分机器没有这样的警报系统。许多普通 UNIX 系统上的服务会在 syslog 留下记录，有时候是一条加密的错误消息。如果管理员在日志里看到来自同一系统的一堆连接尝试，他应该意识到他的系统被扫描了。

Nmap 发送一个是 SYN 包请求，如果收到 RST 包则表示目标端口是关闭的，如果目标主机接收到请求后响应了一个 SYN+ACK 包，Nmap 向目标主机发送一个 ACK 包，确认连接，则表示目标端口是开放的。

```
root@Wing:~# nmap -sT 192.168.126.131

Starting Nmap 6.40 ( http://nmap.org ) at 2015-06-10 21:48 CST
Nmap scan report for 192.168.126.131
Host is up (0.012s latency).
Not shown: 977 closed ports
PORT     STATE SERVICE
21/tcp   open  ftp
22/tcp   open  ssh
23/tcp   open  telnet
25/tcp   open  smtp
53/tcp   open  domain
80/tcp   open  http
111/tcp  open  rpcbind
139/tcp  open  netbios-ssn
445/tcp  open  microsoft-ds
512/tcp  open  exec
513/tcp  open  login
514/tcp  open  shell
1099/tcp open  rmiregistry
1524/tcp open  ingreslock
2049/tcp open  nfs
2121/tcp open  ccproxy-ftp
3306/tcp open  mysql
5432/tcp open  postgresql
5900/tcp open  vnc
6000/tcp open  X11
6667/tcp open  irc
8009/tcp open  ajp13
8180/tcp open  unknown
MAC Address: 00:0C:29:E0:2E:76 (VMware)

Nmap done: 1 IP address (1 host up) scanned in 0.32 seconds
root@Wing:~#
```

3.8 UDP 扫描

表 3.6 所示为本章节所需 Nmap 命令表，表中加粗命令为本小节所需命令——UDP 扫描。

使用-sU 选项可以进行 UDP 扫描。UDP 扫描是非常慢的，很多的安全审核人员忽略了这些端口，这显然是一个错误的做法。

UDP 扫描显然也是一种“投机取巧”的办法，很多管理员会忽略这些端口，这是不争的事实，UDP 扫描或许可以发现更多可以被黑客利用的端口。UDP 扫描发送空的 UDP 报文到目标端口，这里需要注意的是，UDP 头是没有任何数据的，这就使 Nmap 可以轻松辨别目标端口的开放状态，如果返回 ICMP 端口不可到达错误就可以认定该端口是关闭的，其他的就可以被认定是被过滤的，如果被响应了则判断目标端口是开放状态。

表 3.6　　本节所需命令

选　　项	解　　释
-T	时序选项
-p|-F	常用扫描方式
-sS	TCP SYN 扫描
-sT	TCP 连接扫描
-sU	**UDP 扫描**
-sN;-sF;-sX	隐蔽扫描
-sA	TCP ACK 扫描
-sW	TCP 窗口扫描
-sM	TCP Maimon 扫描
--scanflags	自定义 TCP 扫描
-sI	空闲扫描
-sO	IP 协议扫描
-b	FTP Bounce 扫描

UDP 端口扫描通过发送 UDP 数据包到目标主机并等待相应，它将判断目标端口是否是开放状态，如果目标返回 ICMP 不可达的错误，说明端口是关闭的，如果得到正确的适当的响应，则说明端口是开放的。

```
root@Wing:~# nmap -sU -p 80-500 192.168.126.131

Starting Nmap 6.40 ( http://nmap.org ) at 2015-06-11 10:41 CST
Nmap scan report for 192.168.126.131
Host is up (0.00029s latency).
PORT    STATE  SERVICE
80/udp  closed http
111/udp open   rpcbind
445/udp closed microsoft-ds
MAC Address: 00:0C:29:E0:2E:76 (VMware)

Nmap done: 1 IP address (1 host up) scanned in 0.07 seconds
root@Wing:~#
```

由于 UDP 扫描是相当慢的，所以在这里使用-p 选项指定了需要扫描的端口，如果从第一个端口开始扫描是需要花费大量时间的。

> -p 选项指定多个端口的时候可以使用逗号进行端口与端口之间的分割而不是用空格进行分割。

3.9 隐蔽扫描

表 3.7 所示为本章节所需 Nmap 命令表，表中加粗命令为本小节所需命令——隐蔽扫描。

表 3.7 本节所需命令

选　项	解　释
-T	时序选项
-p|-F	常用扫描方式
-sS	TCP SYN 扫描
-sT	TCP 连接扫描
-sU	UDP 扫描
-sN;-sF;-sX	**隐蔽扫描**
-sA	TCP ACK 扫描
-sW	TCP 窗口扫描
-sM	TCP Maimon 扫描
--scanflags	自定义 TCP 扫描
-sI	空闲扫描
-sO	IP 协议扫描
-b	FTP Bounce 扫描

隐蔽扫描有 3 个选项，分别是-sN、-sF、-sX。

-sN 是 Null 扫描，是通过发送非常规的 TCP 通信数据包对计算机进行探测，很多情况下 Null 扫描与 Xmas 扫描恰好相反，因为 Null 扫描不会标记任何数据包，若目标主机的相应端口是关闭的，会响应一个 RST 数据包，若目标端口是开放的则不会响应任何信息。

-sF 是 FIN 扫描，当我们使用 TCP SYN 扫描时可能会被目标主机的防火墙发现，会阻止

SYN 数据包，这时我们使用 TCP FIN 扫描方式会有很好的穿透效果，因为 TCP FIN 扫描并不需要完成 TCP 握手。TCP FIN 扫描就是向目标端口发送一个 FIN 包，如果收到目标响应的 RST 包，则说明目标端口是开放的，如果没有收到 RST 包则说明目标端口是关闭的。

-sX 是 Xmas 扫描，数据包的 FIN、PSH 和 URG 标记位置打开，即标志为 1，根据 RFC 793 规定如果目标主机端口是开放的则会响应一个 RST 标志包。

这些扫描方式会躲过一些无状态防火墙的过滤，这比前面章节说到的 SYN 扫描、UDP 扫描会有更好的效果，因为这种方式要比 SYN 扫描方式还要隐蔽，如果扫描不出结果或出现被过滤的情况，可以使用该扫描方式进行扫描。

注意　如果系统不遵循 RFC 793，不管端口是否是开放还是关闭的，都会响应 RST。

Nmap 使用-sN 选项扫描。

```
root@Wing:~# nmap -sN 192.168.126.131

Starting Nmap 6.40 ( http://nmap.org ) at 2015-06-11 11:15 CST
Nmap scan report for 192.168.126.131
Host is up (0.00025s latency).
Not shown: 977 closed ports
PORT     STATE         SERVICE
21/tcp   open|filtered ftp
22/tcp   open|filtered ssh
23/tcp   open|filtered telnet
25/tcp   open|filtered smtp
53/tcp   open|filtered domain
80/tcp   open|filtered http
111/tcp  open|filtered rpcbind
139/tcp  open|filtered netbios-ssn
445/tcp  open|filtered microsoft-ds
512/tcp  open|filtered exec
513/tcp  open|filtered login
514/tcp  open|filtered shell
1099/tcp open|filtered rmiregistry
1524/tcp open|filtered ingreslock
2049/tcp open|filtered nfs
2121/tcp open|filtered ccproxy-ftp
3306/tcp open|filtered mysql
5432/tcp open|filtered postgresql
5900/tcp open|filtered vnc
6000/tcp open|filtered X11
6667/tcp open|filtered irc
8009/tcp open|filtered ajp13
```

```
8180/tcp open|filtered unknown
MAC Address: 00:0C:29:E0:2E:76 (VMware)

Nmap done: 1 IP address (1 host up) scanned in 1.34 seconds
root@Wing:~#
```

Nmap 使用-sF 选项扫描。

```
root@Wing:~# nmap -sF 192.168.126.131

Starting Nmap 6.40 ( http://nmap.org ) at 2015-06-11 11:16 CST
Nmap scan report for 192.168.126.131
Host is up (0.0013s latency).
Not shown: 977 closed ports
PORT     STATE         SERVICE
21/tcp   open|filtered ftp
22/tcp   open|filtered ssh
23/tcp   open|filtered telnet
25/tcp   open|filtered smtp
53/tcp   open|filtered domain
80/tcp   open|filtered http
111/tcp  open|filtered rpcbind
139/tcp  open|filtered netbios-ssn
445/tcp  open|filtered microsoft-ds
512/tcp  open|filtered exec
513/tcp  open|filtered login
514/tcp  open|filtered shell
1099/tcp open|filtered rmiregistry
1524/tcp open|filtered ingreslock
2049/tcp open|filtered nfs
2121/tcp open|filtered ccproxy-ftp
3306/tcp open|filtered mysql
5432/tcp open|filtered postgresql
5900/tcp open|filtered vnc
6000/tcp open|filtered X11
6667/tcp open|filtered irc
8009/tcp open|filtered ajp13
8180/tcp open|filtered unknown
MAC Address: 00:0C:29:E0:2E:76 (VMware)

Nmap done: 1 IP address (1 host up) scanned in 1.47 seconds
root@Wing:~#
```

Nmap 使用-sX 选项扫描。

```
root@Wing:~# nmap -sX 192.168.126.131

Starting Nmap 6.40 ( http://nmap.org ) at 2015-06-11 11:17 CST
Nmap scan report for 192.168.126.131
Host is up (0.00034s latency).
```

```
Not shown: 977 closed ports
PORT     STATE         SERVICE
21/tcp   open|filtered ftp
22/tcp   open|filtered ssh
23/tcp   open|filtered telnet
25/tcp   open|filtered smtp
53/tcp   open|filtered domain
80/tcp   open|filtered http
111/tcp  open|filtered rpcbind
139/tcp  open|filtered netbios-ssn
445/tcp  open|filtered microsoft-ds
512/tcp  open|filtered exec
513/tcp  open|filtered login
514/tcp  open|filtered shell
1099/tcp open|filtered rmiregistry
1524/tcp open|filtered ingreslock
2049/tcp open|filtered nfs
2121/tcp open|filtered ccproxy-ftp
3306/tcp open|filtered mysql
5432/tcp open|filtered postgresql
5900/tcp open|filtered vnc
6000/tcp open|filtered X11
6667/tcp open|filtered irc
8009/tcp open|filtered ajp13
8180/tcp open|filtered unknown
MAC Address: 00:0C:29:E0:2E:76 (VMware)

Nmap done: 1 IP address (1 host up) scanned in 1.46 seconds
root@Wing:~#
```

3.10 TCP ACK 扫描

表 3.8 所示为本章节所需 Nmap 命令表，表中加粗命令为本小节所需命令——TCP ACK 扫描。

使用-sA 选项启用 TCP ACK 扫描，TCP ACK 扫描有一个非常致命的缺点，它不能确定端口是否是开放的还是被过滤的。

ACK 扫描探测报文只设置 ACK 标志位（除非使用–scanflags）。当扫描未被过滤的系统时，open（开放的）和 closed（关闭的）端口都会返回 RST 报文。当 Nmap 把它们标记为 unfiltered（未被过滤的），意思是 ACK 报文不能到达，但至于它们是 open（开放的）或者是 closed（关闭的）无法确定。不响应的端口或者发送特定的 ICMP 错误消息的端口都会被标记为 filtered（被过滤的）。

表 3.8 本节所需命令

选　　项	解　　释
-T	时序选项
-p|-F	常用扫描方式
-sS	TCP SYN 扫描
-sT	TCP 连接扫描
-sU	UDP 扫描
-sN;-sF;-sX	隐蔽扫描
-sA	**TCP ACK 扫描**
-sW	TCP 窗口扫描
-sM	TCP Maimon 扫描
--scanflags	自定义 TCP 扫描
-sI	空闲扫描
-sO	IP 协议扫描
-b	FTP Bounce 扫描

TCP ACK 扫描和 TCP SYN 扫描类似，这种扫描方法是向目标主机一个端口发送一个只有 ACK 标志的 TCP 数据，如果目标主机响应的端口是开启状态，则会返回一个 TCP RST 数据包。

```
root@Wing:~# nmap -sA -v 192.168.121.1

Starting Nmap 6.47 ( http://nmap.org ) at 2015-06-28 14:17 CST
Initiating Ping Scan at 14:17
Scanning 192.168.121.1 [4 ports]
Completed Ping Scan at 14:17, 0.00s elapsed (1 total hosts)
Initiating Parallel DNS resolution of 1 host. at 14:17
Completed Parallel DNS resolution of 1 host. at 14:17, 0.01s elapsed
Initiating ACK Scan at 14:17
Scanning 192.168.121.1 [1000 ports]
Completed ACK Scan at 14:17, 0.04s elapsed (1000 total ports)
Nmap scan report for 192.168.121.1
Host is up (0.00020s latency).
All 1000 scanned ports on 192.168.121.1 are unfiltered

Read data files from: /usr/bin/../share/nmap
Nmap done: 1 IP address (1 host up) scanned in 0.12 seconds
         Raw packets sent: 1004 (40.152KB) | Rcvd: 1001 (40.028KB)
root@Wing:~#
```

在扫描结果中我们得知 1000 个端口都没有被过滤（unfiltered），这说明 Nmap 无法确定这些端口是开放的还是关闭的，若需要确定目标端口是否是开放状态则需要用其他扫描方式进行确认。

3.11 TCP 窗口扫描

表 3.9 所示为本章节所需 Nmap 命令表，表中加粗命令为本小节所需命令——TCP 窗口扫描。

表 3.9 本节所需命令

选　项	解　释
-T	时序选项
-p|-F	常用扫描方式
-sS	TCP SYN 扫描
-sT	TCP 连接扫描
-sU	UDP 扫描
-sN;-sF;-sX	隐蔽扫描
-sA	TCP ACK 扫描
-sW	**TCP 窗口扫描**
-sM	TCP Maimon 扫描
--scanflags	自定义 TCP 扫描
-sI	空闲扫描
-sO	IP 协议扫描
-b	FTP Bounce 扫描

使用-sW 选项可以启用窗口扫描，即 Windows 扫描，这里的 Windows 并不是指 Windows 系统，而是扫描方式的一种，窗口扫描方式与 ACK 扫描方式的原理几乎是一样的，它通过检查返回的 RST 报文的 TCP 窗口域判断目标端口是否是开放的。

有时，开放端口用正数表示窗口大小，关闭端口的窗口大小为 0，所以，当收到 RST 包时，根据 TCP 窗口的值是正数还是 0 来判断目标端口是开放还是关闭的。

```
root@Wing:~# nmap -sW -v -F 192.168.121.1

Starting Nmap 6.47 ( http://nmap.org ) at 2015-06-28 14:24 CST
Initiating Ping Scan at 14:24
Scanning 192.168.121.1 [4 ports]
Completed Ping Scan at 14:24, 0.00s elapsed (1 total hosts)
```

```
Initiating Parallel DNS resolution of 1 host. at 14:24
Completed Parallel DNS resolution of 1 host. at 14:24, 0.01s elapsed
Initiating Window Scan at 14:24
Scanning 192.168.121.1 [100 ports]
Discovered open port 53/tcp on 192.168.121.1
Discovered open port 554/tcp on 192.168.121.1
Discovered open port 1025/tcp on 192.168.121.1
Discovered open port 443/tcp on 192.168.121.1
Discovered open port 25/tcp on 192.168.121.1
Discovered open port 1720/tcp on 192.168.121.1
Discovered open port 23/tcp on 192.168.121.1
Discovered open port 3306/tcp on 192.168.121.1
Discovered open port 993/tcp on 192.168.121.1
Discovered open port 21/tcp on 192.168.121.1
Discovered open port 113/tcp on 192.168.121.1
Discovered open port 143/tcp on 192.168.121.1
Discovered open port 80/tcp on 192.168.121.1
Discovered open port 995/tcp on 192.168.121.1
Discovered open port 5900/tcp on 192.168.121.1
Discovered open port 111/tcp on 192.168.121.1
Discovered open port 445/tcp on 192.168.121.1
Discovered open port 22/tcp on 192.168.121.1
Discovered open port 1723/tcp on 192.168.121.1
Discovered open port 199/tcp on 192.168.121.1
Discovered open port 110/tcp on 192.168.121.1
Discovered open port 8888/tcp on 192.168.121.1
Discovered open port 135/tcp on 192.168.121.1
Discovered open port 587/tcp on 192.168.121.1
Discovered open port 139/tcp on 192.168.121.1
Discovered open port 8080/tcp on 192.168.121.1
Discovered open port 3389/tcp on 192.168.121.1
Discovered open port 49152/tcp on 192.168.121.1
Discovered open port 8443/tcp on 192.168.121.1
Discovered open port 106/tcp on 192.168.121.1
Discovered open port 1433/tcp on 192.168.121.1
Discovered open port 8009/tcp on 192.168.121.1
Discovered open port 26/tcp on 192.168.121.1
Discovered open port 5051/tcp on 192.168.121.1
Discovered open port 13/tcp on 192.168.121.1
Discovered open port 7/tcp on 192.168.121.1
Discovered open port 5631/tcp on 192.168.121.1
Discovered open port 119/tcp on 192.168.121.1
Discovered open port 49153/tcp on 192.168.121.1
Discovered open port 8008/tcp on 192.168.121.1
Discovered open port 5190/tcp on 192.168.121.1
Discovered open port 1900/tcp on 192.168.121.1
Discovered open port 1029/tcp on 192.168.121.1
Discovered open port 179/tcp on 192.168.121.1
Discovered open port 631/tcp on 192.168.121.1
Discovered open port 3000/tcp on 192.168.121.1
```

```
Discovered open port 10000/tcp on 192.168.121.1
Discovered open port 3128/tcp on 192.168.121.1
Discovered open port 1026/tcp on 192.168.121.1
Discovered open port 5432/tcp on 192.168.121.1
Discovered open port 4899/tcp on 192.168.121.1
Discovered open port 6646/tcp on 192.168.121.1
Discovered open port 5800/tcp on 192.168.121.1
Discovered open port 5666/tcp on 192.168.121.1
Discovered open port 465/tcp on 192.168.121.1
Discovered open port 990/tcp on 192.168.121.1
Discovered open port 5009/tcp on 192.168.121.1
Discovered open port 513/tcp on 192.168.121.1
Discovered open port 2000/tcp on 192.168.121.1
Discovered open port 6001/tcp on 192.168.121.1
Discovered open port 3986/tcp on 192.168.121.1
Discovered open port 9/tcp on 192.168.121.1
Discovered open port 548/tcp on 192.168.121.1
Discovered open port 32768/tcp on 192.168.121.1
Discovered open port 37/tcp on 192.168.121.1
Discovered open port 389/tcp on 192.168.121.1
Discovered open port 79/tcp on 192.168.121.1
Discovered open port 543/tcp on 192.168.121.1
Discovered open port 646/tcp on 192.168.121.1
Discovered open port 49156/tcp on 192.168.121.1
Discovered open port 8081/tcp on 192.168.121.1
Discovered open port 5000/tcp on 192.168.121.1
Discovered open port 49157/tcp on 192.168.121.1
Discovered open port 1755/tcp on 192.168.121.1
Discovered open port 7070/tcp on 192.168.121.1
Discovered open port 873/tcp on 192.168.121.1
Discovered open port 1028/tcp on 192.168.121.1
Discovered open port 81/tcp on 192.168.121.1
Discovered open port 5060/tcp on 192.168.121.1
Discovered open port 5357/tcp on 192.168.121.1
Discovered open port 2001/tcp on 192.168.121.1
Discovered open port 2049/tcp on 192.168.121.1
Discovered open port 88/tcp on 192.168.121.1
Discovered open port 6000/tcp on 192.168.121.1
Discovered open port 515/tcp on 192.168.121.1
Discovered open port 49154/tcp on 192.168.121.1
Discovered open port 427/tcp on 192.168.121.1
Discovered open port 2121/tcp on 192.168.121.1
Discovered open port 5101/tcp on 192.168.121.1
Discovered open port 8000/tcp on 192.168.121.1
Discovered open port 1027/tcp on 192.168.121.1
Discovered open port 144/tcp on 192.168.121.1
Discovered open port 544/tcp on 192.168.121.1
Discovered open port 1110/tcp on 192.168.121.1
Discovered open port 444/tcp on 192.168.121.1
Discovered open port 2717/tcp on 192.168.121.1
```

```
Discovered open port 9100/tcp on 192.168.121.1
Discovered open port 514/tcp on 192.168.121.1
Discovered open port 49155/tcp on 192.168.121.1
Discovered open port 9999/tcp on 192.168.121.1
Completed Window Scan at 14:24, 0.02s elapsed (100 total ports)
Nmap scan report for 192.168.121.1
Host is up (0.00049s latency).
PORT      STATE SERVICE
7/tcp     open  echo
9/tcp     open  discard
13/tcp    open  daytime
21/tcp    open  ftp
22/tcp    open  ssh
23/tcp    open  telnet
25/tcp    open  smtp
26/tcp    open  rsftp
37/tcp    open  time
53/tcp    open  domain
79/tcp    open  finger
80/tcp    open  http
81/tcp    open  hosts2-ns
88/tcp    open  kerberos-sec
106/tcp   open  pop3pw
110/tcp   open  pop3
111/tcp   open  rpcbind
113/tcp   open  ident
119/tcp   open  nntp
135/tcp   open  msrpc
139/tcp   open  netbios-ssn
143/tcp   open  imap
144/tcp   open  news
179/tcp   open  bgp
199/tcp   open  smux
389/tcp   open  ldap
427/tcp   open  svrloc
443/tcp   open  https
444/tcp   open  snpp
445/tcp   open  microsoft-ds
465/tcp   open  smtps
513/tcp   open  login
514/tcp   open  shell
515/tcp   open  printer
543/tcp   open  klogin
544/tcp   open  kshell
548/tcp   open  afp
554/tcp   open  rtsp
587/tcp   open  submission
631/tcp   open  ipp
646/tcp   open  ldp
873/tcp   open  rsync
```

```
990/tcp   open  ftps
993/tcp   open  imaps
995/tcp   open  pop3s
1025/tcp  open  NFS-or-IIS
1026/tcp  open  LSA-or-nterm
1027/tcp  open  IIS
1028/tcp  open  unknown
1029/tcp  open  ms-lsa
1110/tcp  open  nfsd-status
1433/tcp  open  ms-sql-s
1720/tcp  open  H.323/Q.931
1723/tcp  open  pptp
1755/tcp  open  wms
1900/tcp  open  upnp
2000/tcp  open  cisco-sccp
2001/tcp  open  dc
2049/tcp  open  nfs
2121/tcp  open  ccproxy-ftp
2717/tcp  open  pn-requester
3000/tcp  open  ppp
3128/tcp  open  squid-http
3306/tcp  open  mysql
3389/tcp  open  ms-wbt-server
3986/tcp  open  mapper-ws_ethd
4899/tcp  open  radmin
5000/tcp  open  upnp
5009/tcp  open  airport-admin
5051/tcp  open  ida-agent
5060/tcp  open  sip
5101/tcp  open  admdog
5190/tcp  open  aol
5357/tcp  open  wsdapi
5432/tcp  open  postgresql
5631/tcp  open  pcanywheredata
5666/tcp  open  nrpe
5800/tcp  open  vnc-http
5900/tcp  open  vnc
6000/tcp  open  X11
6001/tcp  open  X11:1
6646/tcp  open  unknown
7070/tcp  open  realserver
8000/tcp  open  http-alt
8008/tcp  open  http
8009/tcp  open  ajp13
8080/tcp  open  http-proxy
8081/tcp  open  blackice-icecap
8443/tcp  open  https-alt
8888/tcp  open  sun-answerbook
9100/tcp  open  jetdirect
9999/tcp  open  abyss
```

```
10000/tcp open  snet-sensor-mgmt
32768/tcp open  filenet-tms
49152/tcp open  unknown
49153/tcp open  unknown
49154/tcp open  unknown
49155/tcp open  unknown
49156/tcp open  unknown
49157/tcp open  unknown

Read data files from: /usr/bin/../share/nmap
Nmap done: 1 IP address (1 host up) scanned in 0.09 seconds
        Raw packets sent: 104 (4.152KB) | Rcvd: 101 (4.028KB)
root@Wing:~#
```

从输出的结果来看是不准确的，如果扫描的端口都是开放状态或者只有少数几个是关闭状态的那就非常可疑了，若 100 个端口里面只有 2 个端口是关闭的，则这 2 个端口也有可能是开放的，这种扫描方式获得的结果可能是不准确的。

如图 3.1 所示，可以看到窗口大小为 32767 是正数，该包是 HTTP 服务（80 端口）响应的，这表示当前的端口是开放的。

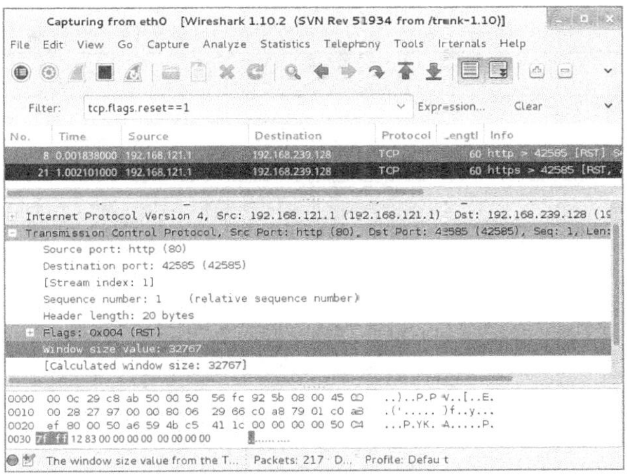

▲图 3.1　查看端口开放状态

3.12　TCP Maimon 扫描

表 3.10 所示为本章节所需 Nmap 命令表，表中加粗命令为本小节所需命令——TCP Maimon 扫描。

使用-sM 选项就可以启用 TCP Maimon 扫描。Maimon 扫描是用它的发现者 Uriel Maimon 命名的。他在 Phrack Magazine issue #49 (November 1996)中描述了这一技术。Nmap 在两期后加入了这一技术。这项技术和 Null、FIN 及 Xmas 扫描完全一样，除了探测报文是 FIN/ACK。根据 RFC 793 (TCP)，无论端口开放或者关闭，都应该对这样的探测响应 RST 报文。然而，Uriel 注意到如果端口开放，许多基于 BSD 的系统只是丢弃该探测报文。

表 3.10　　本节所需命令

选　项	解　释
-T	时序选项
-p|-F	常用扫描方式
-sS	TCP SYN 扫描
-sT	TCP 连接扫描
-sU	UDP 扫描
-sN;-sF;-sX	隐蔽扫描
-sA	TCP ACK 扫描
-sW	TCP 窗口扫描
-sM	**TCP Maimon 扫描**
--scanflags	自定义 TCP 扫描
-sI	空闲扫描
-sO	IP 协议扫描
-b	FTP Bounce 扫描

```
root@Wing:~# nmap -sM -T4 192.168.126.131

Starting Nmap 6.40 ( http://nmap.org ) at 2015-06-11 12:32 CST
Nmap scan report for 192.168.126.131
Host is up (0.00024s latency).
All 1000 scanned ports on 192.168.126.131 are closed
MAC Address: 00:0C:29:E0:2E:76 (VMware)

Nmap done: 1 IP address (1 host up) scanned in 0.25 seconds
root@Wing:~#
```

3.13 自定义 TCP 扫描

表 3.11 所示为本章节所需 Nmap 命令表，表中加粗命令为本小节所需命令——自定义 TCP

扫描。

表 3.11　　本节所需命令

选　　项	解　　释
-T	时序选项
-p|-F	常用扫描方式
-sS	TCP SYN 扫描
-sT	TCP 连接扫描
-sU	UDP 扫描
-sN;-sF;-sX	隐蔽扫描
-sA	TCP ACK 扫描
-sW	TCP 窗口扫描
-sM	TCP Maimon 扫描
--scanflags	**自定义 TCP 扫描**
-sI	空闲扫描
-sO	IP 协议扫描
-b	FTP Bounce 扫描

使用--scanflags 选项可以启用自定义 TCP 扫描，这属于 Nmap 高级用法的一种，Nmap 还有很多高级用法本书都会一一介绍，该选项可以通过指定任意的 TCP 标志位来进行扫描，这会让读者有意外的收获。

--scanflags 选项可以是一个数字标记值，如 9（PSH 和 FIN），但使用字符名更容易些。只要是 URG、ACK、PSH、RST、SYN、FIN 的任何组合就可以。例如，--scanflags URGACKPSH RSTSYNFIN 设置了所有标志位，但是这对扫描没有太大用处。标志位的顺序不重要，并且标志位之间没有空格。

除了使用指定的 TCP 标志位，Nmap 会和基本的扫描类型一样工作，若不指定基本类型 Nmap 就会使用 SYN 扫描。

```
root@Wing:~# nmap -sT --scanflags SYNURG 192.168.126.131

Starting Nmap 6.40 ( http://nmap.org ) at 2015-06-11 12:49 CST
Nmap scan report for 192.168.126.131
Host is up (0.016s latency).
Not shown: 977 closed ports
PORT     STATE SERVICE
21/tcp   open  ftp
22/tcp   open  ssh
23/tcp   open  telnet
```

```
25/tcp   open  smtp
53/tcp   open  domain
80/tcp   open  http
111/tcp  open  rpcbind
139/tcp  open  netbios-ssn
445/tcp  open  microsoft-ds
512/tcp  open  exec
513/tcp  open  login
514/tcp  open  shell
1099/tcp open  rmiregistry
1524/tcp open  ingreslock
2049/tcp open  nfs
2121/tcp open  ccproxy-ftp
3306/tcp open  mysql
5432/tcp open  postgresql
5900/tcp open  vnc
6000/tcp open  X11
6667/tcp open  irc
8009/tcp open  ajp13
8180/tcp open  unknown
MAC Address: 00:0C:29:E0:2E:76 (VMware)

Nmap done: 1 IP address (1 host up) scanned in 0.26 seconds
root@Wing:~#
```

一般我们在非一般场景使用该选项。

3.14 空闲扫描

表 3.12 所示为本章节所需 Nmap 命令表，表中加粗命令为本小节所需命令——空闲扫描。

表 3.12　　本节所需命令

选　　项	解　　释
-T	时序选项
-p|-F	常用扫描方式
-sS	TCP SYN 扫描
-sT	TCP 连接扫描
-sU	UDP 扫描
-sN;-sF;-sX	隐蔽扫描
-sA	TCP ACK 扫描
-sW	TCP 窗口扫描
-sM	TCP Maimon 扫描

续表

选　项	解　释
--scanflags	自定义 TCP 扫描
-sI	**空闲扫描**
-sO	IP 协议扫描
-b	FTP Bounce 扫描

使用-sI 选项就可以启用空闲扫描。空闲扫描是 Nmap 高级用法，允许进行端口完全欺骗扫描。可以使攻击者能够不使用自己的 IP 向目标主机发送数据包，它可以利用不活跃的僵尸主机反弹给攻击者一个旁通信道，从而进行端口扫描。IDS 会把不活跃的僵尸主机当作攻击者，这是一种非常隐蔽的扫描方法。

```
root@Wing:~# nmap -sI 0day:80 192.168.126.131
WARNING: Many people use -Pn w/Idlescan to prevent pings from their true IP.  On the other
hand, timing info Nmap gains from pings can allow for faster, more reliable scans.

Starting Nmap 6.40 ( http://nmap.org ) at 2015-06-11 13:05 CST
Idle scan using zombie 0day; Class: Incremental
Nmap scan report for 192.168.126.131
Host is up (0.051s latency).
Not shown: 977 closed|filtered ports
PORT     STATE SERVICE
21/tcp   open  ftp
22/tcp   open  ssh
23/tcp   open  telnet
25/tcp   open  smtp
53/tcp   open  domain
80/tcp   open  http
111/tcp  open  rpcbind
139/tcp  open  netbios-ssn
445/tcp  open  microsoft-ds
512/tcp  open  exec
513/tcp  open  login
514/tcp  open  shell
1099/tcp open  rmiregistry
1524/tcp open  ingreslock
2049/tcp open  nfs
2121/tcp open  ccproxy-ftp
3306/tcp open  mysql
5432/tcp open  postgresql
5900/tcp open  vnc
6000/tcp open  X11
6667/tcp open  irc
8009/tcp open  ajp13
8180/tcp open  unknown
```

```
MAC Address: 00:0C:29:E0:2E:76 (VMware)

Nmap done: 1 IP address (1 host up) scanned in 21.96 seconds
root@Wing:~#
```

这里是利用僵尸主机为 0day 的主机对 192.168.126.131 进行空闲扫描，如果有 IDS，IDS 则会把 www0day.co 当作扫描者。

上面的演示中主要用的是僵尸主机的 80 端口，如果要使用另外的端口可以在僵尸主机后加入“冒号端口号”（例如 0day：445）。需要注意的是选择的端口必须不能被自己的 Nmap 主机或目标主机过滤掉并且该端口必须为开放的，我们可以事先对僵尸主机进行端口扫描。

3.15　IP 协议扫描

表 3.13 所示为本章节所需 Nmap 命令表，表中加粗命令为本小节所需命令——IP 协议扫描。

表 3.13　本节所需命令

选　项	解　释
-T	时序选项
-p|-F	常用扫描方式
-sS	TCP SYN 扫描
-sT	TCP 连接扫描
-sU	UDP 扫描
-sN;-sF;-sX	隐蔽扫描
-sA	TCP ACK 扫描
-sW	TCP 窗口扫描
-sM	TCP Maimon 扫描
--scanflags	自定义 TCP 扫描
-sI	空闲扫描
-sO	**IP 协议扫描**
-b	FTP Bounce 扫描

使用-sO 选项就可以启用 IP 协议扫描。这里的“O”不是数字“0”而是大写字母“O”。该选项会确定目标端口的协议类型，这并不是一种严格的端口扫描方式，因为它并不是扫描

TCP、UDP 端口号，而是 IP 协议号。IP 协议扫描可以帮助用户确定目标主机哪些是支持 IP 协议的，例如 TCP、ICMP、IGMP。虽然它便利的是 IP 协议号并不是 TCP 或 UDP 端口，但仍可以使用-p 选项选择需要扫描的协议号。它不是在 UDP 报文的端口域上循环，而是在 IP 协议域的 8 位上循环，发送空的 IP 报文头。

```
root@Wing:~# nmap -sO -T4 192.168.126.131

Starting Nmap 6.40 ( http://nmap.org ) at 2015-06-11 13:25 CST
Warning: 192.168.126.131 giving up on port because retransmission cap hit (6).
Nmap scan report for 192.168.126.131
Host is up (0.00038s latency).
Not shown: 179 open|filtered protocols, 75 closed protocols
PROTOCOL STATE SERVICE
1        open  icmp
6        open  tcp
MAC Address: 00:0C:29:E0:2E:76 (VMware)

Nmap done: 1 IP address (1 host up) scanned in 72.51 seconds
root@Wing:~#
```

从输出的结果可以得知目标主机有两个 IP 协议是开放的，这两个协议分别是 ICMP 和 TCP，对应的协议标号是 1 和 6。这里需要注意的是，协议扫描关注的不是 ICMP 端口不可到达的消息，关注的是 ICMP 协议不可到达的消息。例如，Nmap 从目标主机接收到任何协议的响应，Nmap 就会把那个协议标记为 Open。ICMP 不可到达的错误，例如类型 3 代号 2，Nmap 会标记为 Closed，其他的 ICMP 不可到达协议会标记为 Filtered。如果一直接受不到响应，Nmap 就会标记为 Open|Filtered。

3.16 FTP Bounce 扫描

表 3.14 所示为本章节所需 Nmap 命令表，表中加粗命令为本小节所需命令——FTP Bounce 扫描。

表 3.14　　本节所需命令

选　项	解　释
-T	时序选项
-p|-F	常用扫描方式
-sS	TCP SYN 扫描
-sT	TCP 连接扫描

续表

选　　项	解　　释
-sU	UDP 扫描
-sN;-sF;-sX	隐蔽扫描
-sA	TCP ACK 扫描
-sW	TCP 窗口扫描
-sM	TCP Maimon 扫描
--scanflags	自定义 TCP 扫描
-sI	空闲扫描
-sO	IP 协议扫描
-b	**FTP Bounce 扫描**

使用-b 选项就可以进行 FTP Bounce Scan 扫描。它允许用户连接到一台 FTP 服务器，然后要求文件送到一台第三方服务器，这种扫描方式已经很少被支持了，但这也不失是一种躲避防火墙的好办法，或许用户能获取到更多可靠的结果。

第4章 指纹识别与探测

本章知识点

- 服务识别及版本探测
- 版本探测
- 全端口版本探测
- 设置扫描强度
- 轻量级扫描
- 重量级扫描
- 获取详细版本信息
- RPC 扫描
- 操作系统探测
- 启用操作系统探测
- 对指定的目标进行操作系统检测
- 推测系统并识别

本章节将介绍对目标服务以及目标系统的指纹识别，通过对目标指纹的识别可以确定目标使用的系统及服务，这是在信息搜集中不可或缺的部分。本章节介绍的多种指纹识别技术可以以多种方式组合的形式出现，增加指纹识别的正确率。

本章选项

表 4.1 所示为本章节所需 Nmap 命令表，为方便读者查阅，笔者特此整理。

表 4.1　　本章所需选项

选　项	解　释
-sV	版本探测
--allports	全端口版本探测
--version-intensity	设置扫描强度
--version-light	轻量级扫描
--version-all	重量级扫描
--version-trace	获取详细版本信息
-sR	RPC 扫描
-O	启用操作系统探测
--osscan-limit	对指定的目标进行操作系统检测
--osscan-guess; --fuzzy	推测系统识别

4.1 服务识别及版本探测

如果您认为 Nmap 只是一款端口扫描工具那您就大错特错了，Nmap 因为端口扫描而闻名，它还可以对目标主机的服务及版本进行识别和探测。当我们使用 Nmap 进行端口扫描的时候，如果发现了开放的端口 Nmap 就可以报告目标端口所对应的服务和版本。例如，445 端口就是对应的 SMB 服务，3306 对应的是 Mysql 的相关服务，22 端口则对应 SSH 相关的服务。这些服务全部储存在 Nmap-services 里面，约有 2200 条记录。

某些聪明的管理员会故意开放相关的端口迷惑 Nmap。Nmap 可以探测服务的版本，例如目标服务器开放了 SSH 端口，Nmap 会告诉你是 SSH 服务，以及 Open SSH 和版本号等信息，如果目标服务器使用较低版本的服务可能会存在某些历史漏洞。

Nmap 之所以可以识别出相关的服务及版本得益于强大的 Nmap-service，使用 Nmap 通过某种扫描方式发现 TCP 端口或 UDP 端口后，Nmap 会在 Nmap-service 中查询对应的是哪种服务。Nmap-ervice 中包含了很多不同服务的报文，Nmap 会与 Nmap-service 中的相应表达式进行匹配，接下来 Nmap 会识别对应的服务协议，例如 http、ssh 等，包括对应的应用程序名，例如 Apache、Open SSH 等，然后会继续探索版本号、主机名、设备类型、操作系统。对于操作系统，Nmap 可以识别出具体的版本，例如 Windows XP、Windows 7、Windows 8、Windwos 2003 等，当然这不是完全的识别，对于 Nmap 无法确定的版本它还会给出每一个版本的几率让用户去参考辨别，确定了相关操作系统版本就可以使用历史漏洞进行渗透测试。

4.2 版本探测

表 4.2 所示为本章节所需 Nmap 命令表，表中加粗命令为本小节所需命令——版本探测。

表 4.2 本节所需命令

选 项	解 释
-sV	**版本探测**
--allports	全端口版本探测
--version-intensity	设置扫描强度
--version-light	轻量级扫描
--version-all	重量级扫描
--version-trace	获取详细版本信息
-sR	RPC 扫描
-O	启用操作系统探测
--osscan-limit	对指定的目标进行操作系统检测
--osscan-guess; --fuzzy	推测系统识别

使用-sV 选项即可启用版本探测。使用该选项不是进行一个端口扫描，而是通过相应的端口对应相应的服务，根据服务指纹识别出相应的版本。

```
root@Wing:~# nmap -sV 192.168.126.131

Starting Nmap 6.40 ( http://nmap.org ) at 2014-06-11 16:45 CST
Nmap scan report for 192.168.126.131
Host is up (0.00027s latency).
Not shown: 977 closed ports
PORT     STATE SERVICE     VERSION
21/tcp   open  ftp         vsftpd 2.3.4
22/tcp   open  ssh         OpenSSH 4.7p1 Debian 8ubuntu1 (protocol 2.0)
23/tcp   open  telnet      Linux telnetd
25/tcp   open  smtp        Postfix smtpd
53/tcp   open  domain      ISC BIND 9.4.2
80/tcp   open  http        Apache httpd 2.2.8 ((Ubuntu) DAV/2)
111/tcp  open  rpcbind     2 (RPC #100000)
139/tcp  open  netbios-ssn Samba smbd 3.X (workgroup: WORKGROUP)
445/tcp  open  netbios-ssn Samba smbd 3.X (workgroup: WORKGROUP)
512/tcp  open  exec        netkit-rsh rexecd
513/tcp  open  login?
514/tcp  open  tcpwrapped
1099/tcp open  rmiregistry GNU Classpath grmiregistry
```

```
1524/tcp open  shell       Metasploitable root shell
2049/tcp open  nfs         2-4 (RPC #100003)
2121/tcp open  ftp         ProFTPD 1.3.1
3306/tcp open  mysql       MySQL 5.0.51a-3ubuntu5
5432/tcp open  postgresql  PostgreSQL DB 8.3.0 - 8.3.7
5900/tcp open  vnc         VNC (protocol 3.3)
6000/tcp open  X11         (access denied)
6667/tcp open  irc         Unreal ircd
8009/tcp open  ajp13       Apache Jserv (Protocol v1.3)
8180/tcp open  http        Apache Tomcat/Coyote JSP engine 1.1
MAC Address: 00:0C:29:E0:2E:76 (VMware)
Service Info: Hosts:  metasploitable.localdomain, localhost, irc.Metasploitable.LAN; OSs:
Unix, Linux; CPE: cpe:/o:linux:linux_kernel

Service detection performed. Please report any incorrect results at
http://nmap.org/submit/ .
Nmap done: 1 IP address (1 host up) scanned in 12.05 seconds
root@Wing:~#
```

从以上结果我们可以识别出相应的版本号，例如 FTP 服务对应的 FTP 程序及其版本号是 vsftpd 2.3.4，SSH 对应的是 OpenSSH 4.7p1 Debian 8ubuntu1 (protocol 2.0)，这些服务及版本号 Nmap 可以很轻易地识别出来。在最下方可以识别出操作系统类型为 UNIX、Linux。

当然我们还可以借助-A 选项进行操作系统探测和版本探测。

```
root@Wing:~# nmap -sV -A 192.168.126.131

Starting Nmap 6.40 ( http://nmap.org ) at 2014-06-11 16:46 CST
Nmap scan report for 192.168.126.131
Host is up (0.00034s latency).
Not shown: 977 closed ports
PORT     STATE SERVICE     VERSION
21/tcp   open  ftp         vsftpd 2.3.4
|_ftp-anon: Anonymous FTP login allowed (FTP code 230)
22/tcp   open  ssh         OpenSSH 4.7p1 Debian 8ubuntu1 (protocol 2.0)
| ssh-hostkey: 1024 60:0f:cf:e1:c0:5f:6a:74:d6:90:24:fa:c4:d5:6c:cd (DSA)
|_2048 56:56:24:0f:21:1d:de:a7:2b:ae:61:b1:24:3d:e8:f3 (RSA)
23/tcp   open  telnet      Linux telnetd
25/tcp   open  smtp        Postfix smtpd
|_smtp-commands: metasploitable.localdomain, PIPELINING, SIZE 10240000, VRFY, ETRN,
STARTTLS, ENHANCEDSTATUSCODES, 8BITMIME, DSN,
| ssl-cert: Subject: commonName=ubuntu804-base.localdomain/organizationName=OCOSA/
stateOrProvinceName=There is no such thing outside US/countryName=XX
| Not valid before: 2010-03-17T14:07:45+00:00
|_Not valid after:  2010-04-16T14:07:45+00:00
|_ssl-date: 2014-06-10T01:31:33+00:00; -1d7h14m47s from local time.
53/tcp   open  domain      ISC BIND 9.4.2
| dns-nsid:
|_  bind.version: 9.4.2
```

```
80/tcp   open  http        Apache httpd 2.2.8 ((Ubuntu) DAV/2)
|_http-methods: No Allow or Public header in OPTIONS response (status code 200)
|_http-title: Metasploitable2 - Linux
111/tcp  open  rpcbind     2 (RPC #100000)
| rpcinfo:
|   program version   port/proto  service
|   100000  2            111/tcp  rpcbind
|   100000  2            111/udp  rpcbind
|   100003  2,3,4       2049/tcp  nfs
|   100003  2,3,4       2049/udp  nfs
|   100005  1,2,3      40529/tcp  mountd
|   100005  1,2,3      43983/udp  mountd
|   100021  1,3,4      41255/tcp  nlockmgr
|   100021  1,3,4      55723/udp  nlockmgr
|   100024  1          35526/tcp  status
|_  100024  1          50609/udp  status
139/tcp  open  netbios-ssn Samba smbd 3.X (workgroup: WORKGROUP)
445/tcp  open  netbios-ssn Samba smbd 3.X (workgroup: WORKGROUP)
512/tcp  open  exec        netkit-rsh rexecd
513/tcp  open  login
514/tcp  open  tcpwrapped
1099/tcp open  rmiregistry GNU Classpath grmiregistry
|_rmi-dumpregistry: Registry listing failed (No return data received from server)
1524/tcp open  shell       Metasploitable root shell
2049/tcp open  nfs         2-4 (RPC #100003)
| rpcinfo:
|   program version   port/proto  service
|   100000  2            111/tcp  rpcbind
|   100000  2            111/udp  rpcbind
|   100003  2,3,4       2049/tcp  nfs
|   100003  2,3,4       2049/udp  nfs
|   100005  1,2,3      40529/tcp  mountd
|   100005  1,2,3      43983/udp  mountd
|   100021  1,3,4      41255/tcp  nlockmgr
|   100021  1,3,4      55723/udp  nlockmgr
|   100024  1          35526/tcp  status
|_  100024  1          50609/udp  status
2121/tcp open  ftp         ProFTPD 1.3.1
3306/tcp open  mysql       MySQL 5.0.51a-3ubuntu5
| mysql-info: Protocol: 10
| Version: 5.0.51a-3ubuntu5
| Thread ID: 11
| Some Capabilities: Connect with DB, Compress, SSL, Transactions, Secure Connection
| Status: Autocommit
|_Salt: $kqv|/pf2bwQmQ/4YD)>
5432/tcp open  postgresql  PostgreSQL DB 8.3.0 - 8.3.7
5900/tcp open  vnc         VNC (protocol 3.3)
| vnc-info:
```

```
|   Protocol version: 3.3
|   Security types:
|_    Unknown security type (33554432)
6000/tcp open  X11         (access denied)
6667/tcp open  irc         Unreal ircd
8009/tcp open  ajp13       Apache Jserv (Protocol v1.3)
|_ajp-methods: Failed to get a valid response for the OPTION request
8180/tcp open  http        Apache Tomcat/Coyote JSP engine 1.1
|_http-favicon: Apache Tomcat
|_http-methods: No Allow or Public header in OPTIONS response (status code 200)
|_http-title: Apache Tomcat/5.5
MAC Address: 00:0C:29:E0:2E:76 (VMware)
Device type: general purpose
Running: Linux 2.6.X
OS CPE: cpe:/o:linux:linux_kernel:2.6
OS details: Linux 2.6.9 - 2.6.33
Network Distance: 1 hop
Service Info: Hosts:  metasploitable.localdomain, localhost, irc.Metasploitable.LAN; OSs:
Unix, Linux; CPE: cpe:/o:linux:linux_kernel

Host script results:
|_nbstat: NetBIOS name: METASPLOITABLE, NetBIOS user: <unknown>, NetBIOS MAC: <unknown>
| smb-os-discovery:
|   OS: Unix (Samba 3.0.20-Debian)
|   NetBIOS computer name:
|   Workgroup: WORKGROUP
|_  System time: 2014-06-09T21:31:33-04:00

TRACEROUTE
HOP RTT     ADDRESS
1   0.34 ms 192.168.126.131

OS and Service detection performed. Please report any incorrect results at
http://nmap.org/submit/ .
Nmap done: 1 IP address (1 host up) scanned in 74.85 seconds
root@Wing:~#
```

使用-A 选项后我们可以获取更加详细的信息和更加直观的方式。我们在以上的结果中甚至可以得到具体的 Linux 内核版本，这得益于强大的 Nmap。

> 使用-sV 选项或-A 选项时，对于获知的结果不要过分地相信，Nmap 并不一定能全部躲过某些软件的伪装。

4.3 全端口版本探测

表 4.3 所示为本章节所需 Nmap 命令表，表中加粗命令为本小节所需命令——全端口版本探测。

表 4.3 本节所需命令

选　　项	解　　释
-sV	版本探测
--allports	**全端口版本探测**
--version-intensity	设置扫描强度
--version-light	轻量级扫描
--version-all	重量级扫描
--version-trace	获取详细版本信息
-sR	RPC 扫描
-O	启用操作系统探测
--osscan-limit	对指定的目标进行操作系统检测
--osscan-guess; --fuzzy	推测系统识别

使用--allports 选项可以启用全端口版本探测。这并不是意味着这个选项可以扫描所有的端口，Nmap 会跳过 9100 TCP 端口，只有使用--allports 才可以扫描所有端口。

```
root@Wing:~# nmap -sV --allports  192.168.126.131
Starting Nmap 6.40 ( http://nmap.org ) at 2014-06-11 17:24 CST
Nmap scan report for 192.168.126.131
Host is up (0.00026s latency).
Not shown: 977 closed ports
PORT     STATE SERVICE     VERSION
21/tcp   open  ftp         vsftpd 2.3.4
22/tcp   open  ssh         OpenSSH 4.7p1 Debian 8ubuntu1 (protocol 2.0)
23/tcp   open  telnet      Linux telnetd
25/tcp   open  smtp        Postfix smtpd
53/tcp   open  domain      ISC BIND 9.4.2
80/tcp   open  http        Apache httpd 2.2.8 ((Ubuntu) DAV/2)
111/tcp  open  rpcbind     2 (RPC #100000)
139/tcp  open  netbios-ssn Samba smbd 3.X (workgroup: WORKGROUP)
445/tcp  open  netbios-ssn Samba smbd 3.X (workgroup: WORKGROUP)
512/tcp  open  exec        netkit-rsh rexecd
513/tcp  open  login?
514/tcp  open  tcpwrapped
1099/tcp open  rmiregistry GNU Classpath grmiregistry
```

```
1524/tcp open  shell       Metasploitable root shell
2049/tcp open  nfs         2-4 (RPC #100003)
2121/tcp open  ftp         ProFTPD 1.3.1
3306/tcp open  mysql       MySQL 5.0.51a-3ubuntu5
5432/tcp open  postgresql  PostgreSQL DB 8.3.0 - 8.3.7
5900/tcp open  vnc         VNC (protocol 3.3)
6000/tcp open  X11         (access denied)
6667/tcp open  irc         Unreal ircd
8009/tcp open  ajp13       Apache Jserv (Protocol v1.3)
8180/tcp open  http        Apache Tomcat/Coyote JSP engine 1.1
MAC Address: 00:0C:29:E0:2E:76 (VMware)
Service Info: Hosts:  metasploitable.localdomain, localhost, irc.Metasploitable.LAN; OSs:
Unix, Linux; CPE: cpe:/o:linux:linux_kernel

Service detection performed. Please report any incorrect results at
http://nmap.org/submit/ .
Nmap done: 1 IP address (1 host up) scanned in 11.39 seconds
root@Wing:~#
```

4.4 设置扫描强度

表 4.4 所示为本章节所需 Nmap 命令表，表中加粗命令为本小节所需命令——设置扫描强度。

表 4.4　　本节所需命令

选　项	解　释
-sV	版本探测
--allports	全端口版本探测
--version-intensity	**设置扫描强度**
--version-light	轻量级扫描
--version-all	重量级扫描
--version-trace	获取详细版本信息
-sR	RPC 扫描
-O	启用操作系统探测
--osscan-limit	对指定的目标进行操作系统检测
--osscan-guess; --fuzzy	推测系统识别

在我们用 Nmap 进行扫描的时候，Nmap 发送一系列探测报文，--version-intensity 选线可以为每个报文赋予 1～9 之间的值。被赋予较低值的探测报文对大范围的常见服务有效，而被赋予较高值的报文一般没有实际作用。强度水平说明了应该使用哪些探测报文。当我们赋予的

值越高，服务越有可能被正确识别，但是这也会牺牲相当长的一段时间，强度必须在 0～9，默认的强度是 7。

```
root@Wing:~# nmap -sV --version-intensity 1  192.168.126.131

Starting Nmap 6.40 ( http://nmap.org ) at 2014-06-11 17:40 CST
Nmap scan report for 192.168.126.131
Host is up (0.00028s latency).
Not shown: 977 closed ports
PORT     STATE SERVICE     VERSION
21/tcp   open  ftp         vsftpd 2.3.4
22/tcp   open  ssh         OpenSSH 4.7p1 Debian 8ubuntu1 (protocol 2.0)
23/tcp   open  telnet      Linux telnetd
25/tcp   open  smtp        Postfix smtpd
53/tcp   open  domain      ISC BIND 9.4.2
80/tcp   open  http        Apache httpd 2.2.8 ((Ubuntu) DAV/2)
111/tcp  open  rpcbind     2 (RPC #100000)
139/tcp  open  netbios-ssn Samba smbd 3.X (workgroup: WORKGROUP)
445/tcp  open  netbios-ssn Samba smbd 3.X (workgroup: WORKGROUP)
512/tcp  open  exec        netkit-rsh rexecd
513/tcp  open  login?
514/tcp  open  tcpwrapped
1099/tcp open  rmiregistry GNU Classpath grmiregistry
1524/tcp open  shell       Metasploitable root shell
2049/tcp open  nfs         2-4 (RPC #100003)
2121/tcp open  ftp         ProFTPD 1.3.1
3306/tcp open  mysql       MySQL 5.0.51a-3ubuntu5
5432/tcp open  postgresql  PostgreSQL DB 8.3.0 - 8.3.7
5900/tcp open  vnc         VNC (protocol 3.3)
6000/tcp open  X11         (access denied)
6667/tcp open  irc         Unreal ircd
8009/tcp open  ajp13       Apache Jserv (Protocol v1.3)
8180/tcp open  http        Apache Tomcat/Coyote JSP engine 1.1
MAC Address: 00:0C:29:E0:2E:76 (VMware)
Service Info: Hosts:  metasploitable.localdomain, localhost, irc.Metasploitable.LAN; OSs:
Unix, Linux; CPE: cpe:/o:linux:linux_kernel

Service detection performed. Please report any incorrect results at
http://nmap.org/submit/ .
Nmap done: 1 IP address (1 host up) scanned in 12.41 seconds
root@Wing:~#
```

> 该选项的取值范围是 0～9，0 代表最低的强度等级，9 代表着最高的强度等级，之间的数值强度依次增大。

4.5 轻量级扫描

表 4.5 所示为本章节所需 Nmap 命令表，表中加粗命令为本小节所需命令——轻量级扫描。

表 4.5　　本节所需命令

选　项	解　释
-sV	版本探测
--allports	全端口版本探测
--version-intensity	设置扫描强度
--version-light	**轻量级扫描**
--version-all	重量级扫描
--version-trace	获取详细版本信息
-sR	RPC 扫描
-O	启用操作系统探测
--osscan-limit	对指定的目标进行操作系统检测
--osscan-guess; --fuzzy	推测系统识别

使用 --version-light 即可进行轻量级扫描。在说明设置扫描强度的时候讲过 --version-intensity 有 0～9 几个测试等级，--version-intensity 则是对应的--version-intensity 2 的快捷方式，轻量级扫描会节省大幅度的时间，但同样会牺牲一部分准确性，当然，如果您想要节约部分时间又不想牺牲太多的准确性时可以试一下该选项。

```
root@Wing:~# nmap -sV --version-light 192.168.126.131

Starting Nmap 6.40 ( http://nmap.org ) at 2014-06-11 17:47 CST
Nmap scan report for 192.168.126.131
Host is up (0.00028s latency).
Not shown: 977 closed ports
PORT     STATE SERVICE     VERSION
21/tcp   open  ftp         vsftpd 2.3.4
22/tcp   open  ssh         OpenSSH 4.7p1 Debian 8ubuntu1 (protocol 2.0)
23/tcp   open  telnet      Linux telnetd
25/tcp   open  smtp        Postfix smtpd
53/tcp   open  domain      ISC BIND 9.4.2
80/tcp   open  http        Apache httpd 2.2.8 ((Ubuntu) DAV/2)
111/tcp  open  rpcbind     2 (RPC #100000)
139/tcp  open  netbios-ssn Samba smbd 3.X (workgroup: WORKGROUP)
445/tcp  open  netbios-ssn Samba smbd 3.X (workgroup: WORKGROUP)
512/tcp  open  exec        netkit-rsh rexecd
```

```
513/tcp  open  login?
514/tcp  open  tcpwrapped
1099/tcp open  rmiregistry GNU Classpath grmiregistry
1524/tcp open  shell       Metasploitable root shell
2049/tcp open  nfs         2-4 (RPC #100003)
2121/tcp open  ftp         ProFTPD 1.3.1
3306/tcp open  mysql       MySQL 5.0.51a-3ubuntu5
5432/tcp open  postgresql  PostgreSQL DB 8.3.0 - 8.3.7
5900/tcp open  vnc         VNC (protocol 3.3)
6000/tcp open  X11         (access denied)
6667/tcp open  irc         Unreal ircd
8009/tcp open  ajp13       Apache Jserv (Protocol v1.3)
8180/tcp open  http        Apache Tomcat/Coyote JSP engine 1.1
MAC Address: 00:0C:29:E0:2E:76 (VMware)
Service Info: Hosts:  metasploitable.localdomain, localhost, irc.Metasploitable.LAN; OSs:
Unix, Linux; CPE: cpe:/o:linux:linux_kernel

Service detection performed. Please report any incorrect results at
http://nmap.org/submit/ .
Nmap done: 1 IP address (1 host up) scanned in 11.37 seconds
root@Wing:~#
```

该选项取代的是--version-intensity 2，它与--version-intensity 2 是等价的。

4.6 重量级扫描

表 4.6 所示为本章节所需 Nmap 命令表，表中加粗命令为本小节所需命令——重量级扫描。

使用--version-all 选项可以进行重量级扫描。重量级测试也来源于--version-intensity 的 0～9 个测试等级，--version-all 对应的是--version-intensity 9 的快捷方式。使用该选项可以保证对每个端口尝试每个探测报文，这会牺牲很多的时间，但准确性确是毋庸置疑的。

表 4.6　　本节所需命令

选　项	解　释
-sV	版本探测
--allports	全端口版本探测
--version-intensity	设置扫描强度
--version-light	轻量级扫描
--version-all	**重量级扫描**

续表

选　项	解　释
--version-trace	获取详细版本信息
-sR	RPC 扫描
-O	启用操作系统探测
--osscan-limit	对指定的目标进行操作系统检测
--osscan-guess; --fuzzy	推测系统识别

```
root@Wing:~# nmap -sV --version-all 192.168.126.131

Starting Nmap 6.40 ( http://nmap.org ) at 2014-06-11 17:51 CST
Nmap scan report for 192.168.126.131
Host is up (0.00028s latency).
Not shown: 977 closed ports
PORT     STATE SERVICE     VERSION
21/tcp   open  ftp         vsftpd 2.3.4
22/tcp   open  ssh         OpenSSH 4.7p1 Debian 8ubuntu1 (protocol 2.0)
23/tcp   open  telnet      Linux telnetd
25/tcp   open  smtp        Postfix smtpd
53/tcp   open  domain      ISC BIND 9.4.2
80/tcp   open  http        Apache httpd 2.2.8 ((Ubuntu) DAV/2)
111/tcp  open  rpcbind     2 (RPC #100000)
139/tcp  open  netbios-ssn Samba smbd 3.X (workgroup: WORKGROUP)
445/tcp  open  netbios-ssn Samba smbd 3.X (workgroup: WORKGROUP)
512/tcp  open  exec        netkit-rsh rexecd
513/tcp  open  login?
514/tcp  open  tcpwrapped
1099/tcp open  rmiregistry GNU Classpath grmiregistry
1524/tcp open  shell       Metasploitable root shell
2049/tcp open  nfs         2-4 (RPC #100003)
2121/tcp open  ftp         ProFTPD 1.3.1
3306/tcp open  mysql       MySQL 5.0.51a-3ubuntu5
5432/tcp open  postgresql  PostgreSQL DB 8.3.0 - 8.3.7
5900/tcp open  vnc         VNC (protocol 3.3)
6000/tcp open  X11         (access denied)
6667/tcp open  irc         Unreal ircd
8009/tcp open  ajp13       Apache Jserv (Protocol v1.3)
8180/tcp open  http        Apache Tomcat/Coyote JSP engine 1.1
MAC Address: 00:0C:29:E0:2E:76 (VMware)
Service Info: Hosts:  metasploitable.localdomain, localhost, irc.Metasploitable.LAN; OSs:
Unix, Linux; CPE: cpe:/o:linux:linux_kernel

Service detection performed. Please report any incorrect results at
http://nmap.org/submit/ .
Nmap done: 1 IP address (1 host up) scanned in 13.22 seconds
root@Wing:~#
```

该选项取代的是--version-intensity 9，它与--version-intensity 9 选项等价。

4.7 获取详细版本信息

表 4.7 所示为本章节所需 Nmap 命令表，表中加粗命令为本小节所需命令——获取详细版本信息。

表 4.7　　本节所需命令

选　项	解　释
-sV	版本探测
--allports	全端口版本探测
--version-intensity	设置扫描强度
--version-light	轻量级扫描
--version-all	重量级扫描
--version-trace	**获取详细版本信息**
-sR	RPC 扫描
-O	启用操作系统探测
--osscan-limit	对指定的目标进行操作系统检测
--osscan-guess; --fuzzy	推测系统识别

使用--version-trace 就可以获取详细版本信息。它对于获取目标主机的额外信息是非常有帮助的。

```
root@Wing:~# nmap -sV --version-trace 192.168.126.131
Starting Nmap 6.40 ( http://nmap.org ) at 2014-06-11 18:01 CST
PORTS: Using top 1000 ports found open (TCP:1000, UDP:0, SCTP:0)
--------------- Timing report ---------------
  hostgroups: min 1, max 100000
  rtt-timeouts: init 1000, min 100, max 10000
  max-scan-delay: TCP 1000, UDP 1000, SCTP 1000
  parallelism: min 0, max 0
  max-retries: 10, host-timeout: 0
  min-rate: 0, max-rate: 0
---------------------------------------------
NSE: Using Lua 5.2.                                #NSE 信息
```

```
NSE: Script Arguments seen from CLI:
NSE: Loaded 23 scripts for scanning.
Packet capture filter (device eth0): arp and arp[18:4] = 0x000C2996 and arp[22:2] = 0x752B
Overall sending rates: 399.52 packets / s, 16779.86 bytes / s.  #发送宝的速率
mass_rdns: Using DNS server 192.168.126.2              #解析的 DNS 服务
mass_rdns: 0.04s 0/1 [#: 1, OK: 0, NX: 0, DR: 0, SF: 0, TR: 1]
DNS resolution of 1 IPs took 0.04s. Mode: Async [#: 1, OK: 0, NX: 1, DR: 0, SF: 0, TR:
1, CN: 0]
Packet capture filter (device eth0): dst host 192.168.126.130 and (icmp or icmp6 or ((tcp
or udp or sctp) and (src host 192.168.126.131)))
Overall sending rates: 17200.45 packets / s, 756819.98 bytes / s.
…省略…
Service scan sending probe ajp to 192.168.126.131:8009 (tcp)
NSOCK INFO [11.3290s] nsock_read(): Read request from IOD #55 [192.168.126.131:8009]
(timeout: 5000ms) EID 1378
NSOCK INFO [11.3290s] nsock_trace_handler_callback(): Callback: WRITE SUCCESS for EID 1371
[192.168.126.131:8009]          #与目标主机的 8009 端口建立连接并扫描
NSOCK INFO [11.3290s] nsock_trace_handler_callback(): Callback: READ SUCCESS for EID 1378
[192.168.126.131:8009] (5 bytes): AB...
Service scan match (Probe ajp matched with ajp line 11783): 192.168.126.131:8009 is ajp13.
Version: |Apache Jserv||Protocol v1.3|
NSOCK INFO [11.3290s] nsi_delete(): nsi_delete (IOD #55)
NSOCK INFO [11.3380s] nsock_trace_handler_callback(): Callback: READ SUCCESS for EID 1330
[192.168.126.131:8180] (8838 bytes)
Service scan match (Probe GetRequest matched with GetRequest line 5566):
192.168.126.131:8180 is http. Version: |Apache Tomcat/Coyote JSP engine|1.1||
NSOCK INFO [11.3380s] nsi_delete(): nsi_delete (IOD #53)
NSE: Script scanning 192.168.126.131.
NSE: Starting runlevel 1 (of 1) scan.
NSE: Starting rpc-grind against 192.168.126.131:513.
NSE: Starting rpc-grind against 192.168.126.131:111.
NSE: Starting rpc-grind against 192.168.126.131:2049.
NSE: Starting jdwp-version against 192.168.126.131:514.
NSE: Starting rpc-grind against 192.168.126.131:111.
NSE: Starting rpc-grind against 192.168.126.131:111.
NSE: Starting rpc-grind against 192.168.126.131:111.
NSE: Starting rpc-grind against 192.168.126.131:111.
NSE: Starting rpc-grind against 192.168.126.131:2049.
NSE: Starting rpc-grind against 192.168.126.131:2049.
NSE: Starting rpc-grind against 192.168.126.131:2049.
NSE: Starting rpc-grind against 192.168.126.131:2049.
NSE: Finished jdwp-version against 192.168.126.131:514.
NSE: rpc-grind: isRPC didn't receive response.
NSE: Target port 513 is not a RPC port.
NSE: Finished rpc-grind against 192.168.126.131:513.
NSE: Finished rpc-grind against 192.168.126.131:111.
NSE: Finished rpc-grind against 192.168.126.131:111.
NSE: Finished rpc-grind against 192.168.126.131:2049.
NSE: Finished rpc-grind against 192.168.126.131:111.
NSE: Finished rpc-grind against 192.168.126.131:111.
```

```
NSE: Finished rpc-grind against 192.168.126.131:111.
NSE: Finished rpc-grind against 192.168.126.131:2049.
NSE: Finished rpc-grind against 192.168.126.131:2049.
NSE: Finished rpc-grind against 192.168.126.131:2049.
NSE: Finished rpc-grind against 192.168.126.131:2049.
Nmap scan report for 192.168.126.131
Host is up (0.00031s latency).
Scanned at 2014-06-11 18:01:09 CST for 11s
Not shown: 977 closed ports
PORT     STATE SERVICE     VERSION
21/tcp   open  ftp         vsftpd 2.3.4
22/tcp   open  ssh         OpenSSH 4.7p1 Debian 8ubuntu1 (protocol 2.0)
23/tcp   open  telnet      Linux telnetd
25/tcp   open  smtp        Postfix smtpd
53/tcp   open  domain      ISC BIND 9.4.2
80/tcp   open  http        Apache httpd 2.2.8 ((Ubuntu) DAV/2)
111/tcp  open  rpcbind     2 (RPC #100000)
139/tcp  open  netbios-ssn Samba smbd 3.X (workgroup: WORKGROUP)
445/tcp  open  netbios-ssn Samba smbd 3.X (workgroup: WORKGROUP)
512/tcp  open  exec        netkit-rsh rexecd
513/tcp  open  login?
514/tcp  open  tcpwrapped
1099/tcp open  rmiregistry GNU Classpath grmiregistry
1524/tcp open  shell       Metasploitable root shell
2049/tcp open  nfs         2-4 (RPC #100003)
2121/tcp open  ftp         ProFTPD 1.3.1
3306/tcp open  mysql       MySQL 5.0.51a-3ubuntu5
5432/tcp open  postgresql  PostgreSQL DB 8.3.0 - 8.3.7
5900/tcp open  vnc         VNC (protocol 3.3)
6000/tcp open  X11         (access denied)
6667/tcp open  irc         Unreal ircd
8009/tcp open  ajp13       Apache Jserv (Protocol v1.3)
8180/tcp open  http        Apache Tomcat/Coyote JSP engine 1.1
MAC Address: 00:0C:29:E0:2E:76 (VMware)
Service Info: Hosts:  metasploitable.localdomain, localhost, irc.Metasploitable.LAN; OSs:
Unix, Linux; CPE: cpe:/o:linux:linux_kernel
Final times for host: srtt: 308 rttvar: 31  to: 100000

Read from /usr/bin/../share/nmap: nmap-mac-prefixes nmap-payloads nmap-service-probes
nmap-services.
Service detection performed. Please report any incorrect results at
http://nmap.org/submit/ .
Nmap done: 1 IP address (1 host up) scanned in 11.43 seconds
root@Wing:~#
```

从结果可以看到扫描的详细信息，便于我们更加了解 Nmap 的扫描过程及获取到的相关信息。

4.8 RPC 扫描

表 4.8 所示为本章节所需 Nmap 命令表，表中加粗命令为本小节所需命令——RPC 扫描。

表 4.8 本节所需命令

选 项	解 释
-sV	版本探测
--allports	全端口版本探测
--version-intensity	设置扫描强度
--version-light	轻量级扫描
--version-all	重量级扫描
--version-trace	获取详细版本信息
-sR	**RPC 扫描**
-O	启用操作系统探测
--osscan-limit	对指定的目标进行操作系统检测
--osscan-guess; --fuzzy	推测系统识别

使用-sR 就可以进行 RPC 扫描。该选项多用于与其他端口扫描选项相结合使用。它对所有被发现开放的 TCP/UDP 端口执行 SunRPC 程序 NULL 命令，来试图确定它们是否为 RPC 端口，如果是 RPC 端口，则返回程序和版本号。

```
root@Wing:~# nmap -sS -sR 192.168.126.131
WARNING: -sR is now an alias for -sV and activates version detection as well as RPC scan.

Starting Nmap 6.40 ( http://nmap.org ) at 2014-06-11 18:07 CST
Nmap scan report for 192.168.126.131
Host is up (0.00025s latency).
Not shown: 977 closed ports
PORT     STATE SERVICE     VERSION
21/tcp   open  ftp         vsftpd 2.3.4
22/tcp   open  ssh         OpenSSH 4.7p1 Debian 8ubuntu1 (protocol 2.0)
23/tcp   open  telnet      Linux telnetd
25/tcp   open  smtp        Postfix smtpd
53/tcp   open  domain      ISC BIND 9.4.2
80/tcp   open  http        Apache httpd 2.2.8 ((Ubuntu) DAV/2)
111/tcp  open  rpcbind     2 (RPC #100000)
139/tcp  open  netbios-ssn Samba smbd 3.X (workgroup: WORKGROUP)
445/tcp  open  netbios-ssn Samba smbd 3.X (workgroup: WORKGROUP)
512/tcp  open  exec        netkit-rsh rexecd
513/tcp  open  login?
```

```
514/tcp  open  tcpwrapped
1099/tcp open  rmiregistry GNU Classpath grmiregistry
1524/tcp open  shell       Metasploitable root shell
2049/tcp open  nfs         2-4 (RPC #100003)
2121/tcp open  ftp         ProFTPD 1.3.1
3306/tcp open  mysql       MySQL 5.0.51a-3ubuntu5
5432/tcp open  postgresql  PostgreSQL DB 8.3.0 - 8.3 7
5900/tcp open  vnc         VNC (protocol 3.3)
6000/tcp open  X11         (access denied)
6667/tcp open  irc         Unreal ircd
8009/tcp open  ajp13       Apache Jserv (Protocol v1.3)
8180/tcp open  http        Apache Tomcat/Coyote JSP engine 1.1
MAC Address: 00:0C:29:E0:2E:76 (VMware)
Service Info: Hosts:  metasploitable.localdomain, localhost, irc.Metasploitable.LAN; OSs:
Unix, Linux; CPE: cpe:/o:linux:linux_kernel

Service detection performed. Please report any incorrect results at
http://nmap.org/submit/ .
Nmap done: 1 IP address (1 host up) scanned in 11.43 seconds
root@Wing:~#
```

4.9 操作系统探测

在进行网络安全扫描的过程中，对操作系统的探测也是非常重要的一部分工作，在众多的扫描软件扫描方法下 Nmap 发挥出了它的特色，它可以基于 TCP/IP 协议栈 fingerprinting 指纹扫描，这种技术无异于对操作系统的探测是非常有效的。

我们可以通过几个方面对操作系统进行探测，最常见的是利用 TTL 也就是数据包的存活时间，这表示了一个数据包被丢弃之前可以通过多少活跃点，不同的操作系统的 TTL 也是不同的，我们可以根据这些 TTL 来进行操作系统探测，当然 TTL 也可以人为地进行更改，如今这个方法不再经常使用。TCP 数据包响应探测是根据不同操作系统对特定的 TCP 的不同反应来进行识别区分。ACK 序号也是重要的参考标准之一，不同的操作系统处理 ACK 序号时也是不一样的。也有根据 ICMP 报文响应进行识别的，不同的操作系统对 ICMP 报文的响应也是不同的。

操作系统的探测方法是多种多样的，并不仅仅局限于上述方法。但相同的是，它们都是根据某些系统的响应特征进行分析识别。

4.10 启用操作系统探测

表 4.9 所示为本章节所需 Nmap 命令表，表中加粗命令为本小节所需命令——启用操作系统探测。

表 4.9　　本节所需命令

选　　项	解　　释
-sV	版本探测
--allports	全端口版本探测
--version-intensity	设置扫描强度
--version-light	轻量级扫描
--version-all	重量级扫描
--version-trace	获取详细版本信息
-sR	RPC 扫描
-O	**启用操作系统探测**
--osscan-limit	对指定的目标进行操作系统检测
--osscan-guess; --fuzzy	推测系统识别

使用-O 选项可以轻易启用操作系统探测。需要注意的是，选项中的“O”是字母 O，并不是数字 0。渗透测试人员就可以从获得到的信息中发现存在的漏洞。

```
root@Wing:~# nmap -O 192.168.126.131

Starting Nmap 6.40 ( http://nmap.org ) at 2014-06-11 18:31 CST
Nmap scan report for 192.168.126.131
Host is up (0.00036s latency).
Not shown: 977 closed ports
PORT     STATE SERVICE
21/tcp   open  ftp
22/tcp   open  ssh
23/tcp   open  telnet
25/tcp   open  smtp
53/tcp   open  domain
80/tcp   open  http
111/tcp  open  rpcbind
139/tcp  open  netbios-ssn
445/tcp  open  microsoft-ds
512/tcp  open  exec
513/tcp  open  login
514/tcp  open  shell
```

```
1099/tcp open  rmiregistry
1524/tcp open  ingreslock
2049/tcp open  nfs
2121/tcp open  ccproxy-ftp
3306/tcp open  mysql
5432/tcp open  postgresql
5900/tcp open  vnc
6000/tcp open  X11
6667/tcp open  irc
8009/tcp open  ajp13
8180/tcp open  unknown
MAC Address: 00:0C:29:E0:2E:76 (VMware)
Device type: general purpose                 #设备类型
Running: Linux 2.6.X                         #运行系统
OS CPE: cpe:/o:linux:linux_kernel:2.6        #系统中央处理单元
OS details: Linux 2.6.9 - 2.6.33             #操作系统详细信息
Network Distance: 1 hop                      #网络距离

OS detection performed. Please report any incorrect results at http://nmap.org/submit/ .
Nmap done: 1 IP address (1 host up) scanned in 1.88 seconds
root@Wing:~#
```

从结果中可以得知目标主机是一台 Linux 系统主机，并且内核版本是 Linux-2.6。下面再尝试一下扫描一个 Windows 系统。

```
root@Wing:~# nmap -O 192.168.126.1

Starting Nmap 6.40 ( http://nmap.org ) at 2014-06-11 18:34 CST
Nmap scan report for 192.168.126.1
Host is up (0.00059s latency).
Not shown: 999 filtered ports
PORT     STATE SERVICE
1033/tcp open  netinfo
MAC Address: 00:50:56:C0:00:08 (VMware)
Warning: OSScan results may be unreliable because we could not find at least 1 open and
1 closed port
Device type: phone|general purpose
Running (JUST GUESSING): Microsoft Windows Phone|2008|7|Vista (97%), FreeBSD 6.X (88%)
OS CPE: cpe:/o:microsoft:windows cpe:/o:microsoft:windows_server_2008::beta3 cpe:/
o:microsoft:windows_7::-:professional   cpe:/o:microsoft:windows_vista::-   cpe:/o:
microsoft:windows_vista::sp1 cpe:/o:freebsd:freebsd:6.2 cpe:/o:microsoft:windows_8
Aggressive OS guesses: Microsoft Windows Phone 7.5 (97%), Microsoft Windows Server 2008
Beta 3 (97%), Microsoft Windows 7 Professional (97%), Microsoft Windows Vista SP0 or SP1,
Windows Server 2008 SP1, or Windows 7 (97%), Microsoft Windows Vista SP2, Windows 7 SP1,
or Windows Server 2008 (97%), Microsoft Windows Server 2008 SP1 (94%), Microsoft Windows
Vista SP0 - SP1 (91%), Microsoft Windows Vista Home Premium SP1, Windows 7, or Windows
Server 2008 (90%), Microsoft Windows Vista Home Premium SP1 (89%), Microsoft Windows 7
SP1 (89%)
No exact OS matches for host (test conditions non-ideal).
Network Distance: 1 hop
```

```
OS detection performed. Please report any incorrect results at http://nmap.org/submit/ .
Nmap done: 1 IP address (1 host up) scanned in 21.41 seconds
root@Wing:~#
```

从以上结果来看，可能是因为 Windows 主机有防火墙的缘故，Nmap 没有确定是哪一个版本的 Windows 系统，仅提供了对版本可能性的百分比。我们看到目标运行 Microsoft Windows Phone|2008|7|Vista 的百分比为 97%是最高的可能性。根据 Nmap 的判断，我们大致可以确定这几个版本，实际上目标主机运行的操作系统为 Windows 7 旗舰版，由此可见 Nmap 的识别率是相当高的。

在使用-O 参数的同时，我们可以搭配使用-A 参数以达到更好的效果。

4.11 对指定的目标进行操作系统检测

表 4.10 所示为本章节所需 Nmap 命令表，表中加粗命令为本小节所需命令——对指定的目标进行操作系统检测。

表 4.10　　本节所需命令

选　　项	解　　释
-sV	版本探测
--allports	全端口版本探测
--version-intensity	设置扫描强度
--version-light	轻量级扫描
--version-all	重量级扫描
--version-trace	获取详细版本信息
-sR	RPC 扫描
-O	启用操作系统探测
--osscan-limit	**对指定的目标进行操作系统检测**
--osscan-guess; --fuzzy	推测系统识别

使用--osscan-limit 选项就可以对指定的目标进行操作系统检测。Nmap 只对满足“具有打开和关闭的端口”条件的主机进行操作系统检测，这样可以节约时间，特别是在使用-P0 扫描多个主机时。这个选项仅在使用-O 或-A 进行操作系统检测时起作用。

```
root@Wing:~# nmap -O --osscan-limit 192.168.126.131/24
```

```
Starting Nmap 6.40 ( http://nmap.org ) at 2014-06-11 18:57 CST
Nmap scan report for 192.168.126.1
Host is up (0.00076s latency).
Not shown: 999 filtered ports
PORT     STATE SERVICE
1033/tcp open  netinfo
MAC Address: 00:50:56:C0:00:08 (VMware)

Nmap scan report for 192.168.126.2
Host is up (0.0089s latency).
Not shown: 999 closed ports
PORT   STATE SERVICE
53/tcp open  domain
MAC Address: 00:50:56:F1:06:20 (VMware)
Aggressive OS guesses: Microsoft Windows 7 Enterprise (93%), Microsoft Windows XP SP3 (93%),
DVTel DVT-9540DW network camera (91%), DD-WRT v24-sp2 (Linux 2.4.37) (90%), Linux 3.2 (90%),
BlueArc Titan 2100 NAS device (89%), Brother HL-5170DN printer (88%), Aethra Starvoice
1042 ADSL router (87%), Brother HL-1870N printer (87%), Brother NC-3100h print server (87%)
No exact OS matches for host (test conditions non-ideal).
Network Distance: 1 hop

Nmap scan report for 192.168.126.131
Host is up (0.00027s latency).
Not shown: 977 closed ports
PORT     STATE SERVICE
21/tcp   open  ftp
22/tcp   open  ssh
23/tcp   open  telnet
25/tcp   open  smtp
53/tcp   open  domain
80/tcp   open  http
111/tcp  open  rpcbind
139/tcp  open  netbios-ssn
445/tcp  open  microsoft-ds
512/tcp  open  exec
513/tcp  open  login
514/tcp  open  shell
1099/tcp open  rmiregistry
1524/tcp open  ingreslock
2049/tcp open  nfs
2121/tcp open  ccproxy-ftp
3306/tcp open  mysql
5432/tcp open  postgresql
5900/tcp open  vnc
6000/tcp open  X11
6667/tcp open  irc
8009/tcp open  ajp13
8180/tcp open  unknown
MAC Address: 00:0C:29:E0:2E:76 (VMware)
Device type: general purpose
```

```
Running: Linux 2.6.X
OS CPE: cpe:/o:linux:linux_kernel:2.6
OS details: Linux 2.6.9 - 2.6.33
Network Distance: 1 hop

Nmap scan report for 192.168.126.254
Host is up (0.00022s latency).
All 1000 scanned ports on 192.168.126.254 are filtered
MAC Address: 00:50:56:F1:F0:83 (VMware)

Nmap scan report for 192.168.126.130
Host is up (0.0000040s latency).
All 1000 scanned ports on 192.168.126.130 are closed

OS detection performed. Please report any incorrect results at http://nmap.org/submit/ .
Nmap done: 256 IP addresses (5 hosts up) scanned in 16.33 seconds
root@Wing:~#
```

该选项需要配合-O 选项或-A 选项使用。

4.12 推测系统并识别

表 4.11 所示为本章节所需 Nmap 命令表，表中加粗命令为本小节所需命令——推测系统并识别。

表 4.11 本节所需命令

选 项	解 释
-sV	版本探测
--allports	全端口版本探测
--version-intensity	设置扫描强度
--version-light	轻量级扫描
--version-all	重量级扫描
--version-trace	获取详细版本信息
-sR	RPC 扫描
-O	启用操作系统探测
--osscan-limit	对指定的目标进行操作系统检测
--osscan-guess; --fuzzy	**推测系统识别**

使用--osscan-guess; --fuzzy 选项可以推测系统并识别。Nmap 对系统进行识别时并不一定都能准确识别，当无法准确识别的时候，Nmap 会从最接近的数据中取值，大胆地猜测目标系统。

```
root@Wing:~# nmap -O --osscan-guess 192.168.126.1

Starting Nmap 6.40 ( http://nmap.org ) at 2014-06-11 19:09 CST
Nmap scan report for 192.168.126.1
Host is up (0.00051s latency).
Not shown: 999 filtered ports
PORT     STATE SERVICE
1033/tcp open  netinfo
MAC Address: 00:50:56:C0:00:08 (VMware)
Warning: OSScan results may be unreliable because we could not find at least 1 open and
1 closed port
Device type: phone|general purpose
Running (JUST GUESSING): Microsoft Windows Phone|2008|7|Vista (97%), FreeBSD 6.X (88%)
OS CPE: cpe:/o:microsoft:windows cpe:/o:microsoft:windows_server_2008::beta3 cpe:/
o:microsoft:windows_7::-:professional cpe:/o:microsoft:windows_vista::- cpe:/o:
microsoft:windows_vista::sp1 cpe:/o:freebsd:freebsd:6.2 cpe:/o:microsoft:windows_8
Aggressive OS guesses: Microsoft Windows Phone 7.5 (97%), Microsoft Windows Server 2008
Beta 3 (97%), Microsoft Windows 7 Professional (97%), Microsoft Windows Vista SP0 or SP1,
Windows Server 2008 SP1, or Windows 7 (97%), Microsoft Windows Vista SP2, Windows 7 SP1,
or Windows Server 2008 (97%), Microsoft Windows Server 2008 SP1 (94%), Microsoft Windows
7 SP1 (91%), Microsoft Windows Vista SP0 - SP1 (91%), Microsoft Windows Vista Home Premium
SP1, Windows 7, or Windows Server 2008 (90%), Microsoft Windows Vista Home Premium SP1
(89%)
No exact OS matches for host (test conditions non-ideal).
Network Distance: 1 hop

OS detection performed. Please report any incorrect results at http://nmap.org/submit/ .
Nmap done: 1 IP address (1 host up) scanned in 26.12 seconds
root@Wing:~# nmap -O --fuzzy 192.168.126.1

Starting Nmap 6.40 ( http://nmap.org ) at 2014-06-11 19:10 CST
Nmap scan report for 192.168.126.1
Host is up (0.00071s latency).
Not shown: 999 filtered ports
PORT     STATE SERVICE
1033/tcp open  netinfo
MAC Address: 00:50:56:C0:00:08 (VMware)
Warning: OSScan results may be unreliable because we could not find at least 1 open and
1 closed port
Device type: phone|general purpose
Running (JUST GUESSING): Microsoft Windows Phone|2008|Vista|7 (97%), FreeBSD 6.X (88%)
OS CPE: cpe:/o:microsoft:windows cpe:/o:microsoft:windows_server_2008::beta3 cpe:/o:
microsoft:windows_vista::- cpe:/o:microsoft:windows_vista::sp1 cpe:/o:microsoft:
windows_7 cpe:/o:freebsd:freebsd:6.2 cpe:/o:microsoft:windows_8
```

```
Aggressive OS guesses: Microsoft Windows Phone 7.5 (97%), Microsoft Windows Server 2008
Beta 3 (97%), Microsoft Windows Vista SP0 or SP1, Windows Server 2008 SP1, or Windows 7
(97%), Microsoft Windows Vista SP2, Windows 7 SP1, or Windows Server 2008 (97%), Microsoft
Windows 7 Professional (95%), Microsoft Windows Server 2008 SP1 (94%), Microsoft Windows
Vista SP0 - SP1 (91%), Microsoft Windows Vista Home Premium SP1 (89%), Microsoft Windows
7 SP1 (89%), Microsoft Windows 7 SP1 or Windows Server 2008 SP1 - SP2 (89%)
No exact OS matches for host (test conditions non-ideal).
Network Distance: 1 hop

OS detection performed. Please report any incorrect results at http://nmap.org/submit/ .
Nmap done: 1 IP address (1 host up) scanned in 19.01 seconds
root@Wing:~#
```

我们可以用 Nmap 搜集更多的信息进行推测，Nmap 会对可能是某种系统进行百分比的显示，这样就有数据方便我们做出判断，这比单纯地使用 Nmap 或得到的数据可靠得多。

> 这里的-osscan-guess; --fuzzy 并不一起使用。

第 5 章　伺机而动

本章知识点

- 定时选项
- 调整并行扫描组的大小
- 调整探测报文的并行度
- 调整探测报文超时
- 放弃缓慢的目标主机
- 调整报文适合时间间隔

本章节将介绍定时的内容，本章的技术仅供参考，请读者切勿将本章技术用于非法用途，请遵守相应的道德标准。通过对本章的学习可以优化扫描大型网络，甚至躲避防火墙/IDS（入侵检测系统）的防护。

本章选项

表 5.1 所示为本章节所需 Nmap 命令表，为方便读者查阅，笔者特此整理。

表 5.1　　本章所需选项

选　项	解　释
--min-hostgroup	调整并行扫描组的大小
--min-parallelism --max-parallelism	调整探测报文的并行度
--min-rtt-timeout --max-rtt-timeout --initial-rtt-timeout	调整探测报文超时
--host-timeout	放弃低速目标主机
--scan-delay --max-scan-delay	调整探测报文的时间间隔

5.1 定时选项

Nmap 提供了很多的可配置的定时选项，根据这些选项我们可以加快或者减慢扫描速度，也可以延时、定时扫描，可以在扫描一个大型网络的时候加速扫描来尽快得到相应的结果。Nmap 提供的定时选项更多是用于逃逸防火墙/IDS（入侵检测系统），后面的章节会专门介绍如何逃避防火墙/IDS，本章节不过多涉及。

5.2 调整并行扫描组的大小

表 5.2 所示为本章节所需 Nmap 命令表，表中加粗命令为本小节所需命令——调整并行扫描组的大小。

表 5.2　本节所需命令

选　项	解　释
--min-hostgroup	**调整并行扫描组的大小**
--min-parallelism --max-parallelism	调整探测报文的并行度
--min-rtt-timeout --max-rtt-timeout --initial-rtt-timeout	调整探测报文超时
--host-timeout	放弃低速目标主机
--scan-delay --max-scan-delay	调整探测报文的时间间隔

调整并行扫描组的大小有两个选项，分别是--min-hostgroup 与--max-hostgroup。Nmap 默认情况下在进行扫描的时候，首先开始扫描较小的组，最小为 5，这会让 Nmap 在最短的时间内产生一个您想要的结果，随后慢慢增长组的大小，最大为 1024。为了保证效率，Nmap 会针对 UDP 或少量端口的 TCP 扫描。

--max-hostgroup 选项用于说明使用最大的组，Nmap 不会超出这个大小。--min-hostgroup 选项说明最小的组，Nmap 会保持组大于这个值。

使用–min–hostgroup 选项进行演示

```
root@Wing:~# nmap --min-hostgroup 30 192.168.126.1/24
```

```
Starting Nmap 6.40 ( http://nmap.org ) at 2014-06-12 12:18 CST
Nmap scan report for 192.168.126.1
Host is up (0.00078s latency).
All 1000 scanned ports on 192.168.126.1 are filtered
MAC Address: 00:50:56:C0:00:08 (VMware)

Nmap scan report for 192.168.126.2
Host is up (0.00036s latency).
Not shown: 999 closed ports
PORT   STATE SERVICE
53/tcp open  domain
MAC Address: 00:50:56:F1:06:20 (VMware)

Nmap scan report for 192.168.126.131
Host is up (0.00042s latency).
Not shown: 977 closed ports
PORT     STATE SERVICE
21/tcp   open  ftp
22/tcp   open  ssh
23/tcp   open  telnet
25/tcp   open  smtp
53/tcp   open  domain
80/tcp   open  http
111/tcp  open  rpcbind
139/tcp  open  netbios-ssn
445/tcp  open  microsoft-ds
512/tcp  open  exec
513/tcp  open  login
514/tcp  open  shell
1099/tcp open  rmiregistry
1524/tcp open  ingreslock
2049/tcp open  nfs
2121/tcp open  ccproxy-ftp
3306/tcp open  mysql
5432/tcp open  postgresql
5900/tcp open  vnc
6000/tcp open  X11
6667/tcp open  irc
8009/tcp open  ajp13
8180/tcp open  unknown
MAC Address: 00:0C:29:E0:2E:76 (VMware)

Nmap scan report for 192.168.126.254
Host is up (0.00051s latency).
All 1000 scanned ports on 192.168.126.254 are filtered
MAC Address: 00:50:56:F6:8D:B2 (VMware)

Nmap scan report for 192.168.126.130
Host is up (0.0000040s latency).
```

```
All 1000 scanned ports on 192.168.126.130 are closed

Nmap done: 256 IP addresses (5 hosts up) scanned in 7.99 seconds
root@Wing:~#
```

使用--max-hostgroup 选项进行演示

```
root@Wing:~# nmap --max-hostgroup 10 192.168.126.1/24

Starting Nmap 6.40 ( http://nmap.org ) at 2014-06-12 12:20 CST
Nmap scan report for 192.168.126.1
Host is up (0.00016s latency).
All 1000 scanned ports on 192.168.126.1 are filtered
MAC Address: 00:50:56:C0:00:08 (VMware)

Nmap scan report for 192.168.126.2
Host is up (0.00040s latency).
Not shown: 999 closed ports
PORT   STATE SERVICE
53/tcp open  domain
MAC Address: 00:50:56:F1:06:20 (VMware)

Nmap scan report for 192.168.126.131
Host is up (0.00049s latency).
Not shown: 977 closed ports
PORT     STATE SERVICE
21/tcp   open  ftp
22/tcp   open  ssh
23/tcp   open  telnet
25/tcp   open  smtp
53/tcp   open  domain
80/tcp   open  http
111/tcp  open  rpcbind
139/tcp  open  netbios-ssn
445/tcp  open  microsoft-ds
512/tcp  open  exec
513/tcp  open  login
514/tcp  open  shell
1099/tcp open  rmiregistry
1524/tcp open  ingreslock
2049/tcp open  nfs
2121/tcp open  ccproxy-ftp
3306/tcp open  mysql
5432/tcp open  postgresql
5900/tcp open  vnc
6000/tcp open  X11
6667/tcp open  irc
8009/tcp open  ajp13
8180/tcp open  unknown
MAC Address: 00:0C:29:E0:2E:76 (VMware)
```

```
Nmap scan report for 192.168.126.254
Host is up (0.00022s latency).
All 1000 scanned ports on 192.168.126.254 are filtered
MAC Address: 00:50:56:F6:8D:B2 (VMware)

Nmap scan report for 192.168.126.130
Host is up (0.0000070s latency).
All 1000 scanned ports on 192.168.126.130 are closed

Nmap done: 256 IP addresses (5 hosts up) scanned in 8.06 seconds
root@Wing:~#
```

5.3 调整探测报文的并行度

表 5.3 所示为本章节所需 Nmap 命令表，表中加粗命令为本小节所需命令——调整探测报文的并行度。

表 5.3 本节所需命令

选　项	解　释
--min-hostgroup	调整并行扫描组的大小
--min-parallelism **--max-parallelism**	**调整探测报文的并行度**
--min-rtt-timeout --max-rtt-timeout --initial-rtt-timeout	调整探测报文超时
--host-timeout	放弃低速目标主机
--scan-delay --max-scan-delay	调整探测报文的时间间隔

调整探测报文的并行度有两个选项，分别是--min-parallelism 与--max-parallelism。-min-parallelism 大于 1 可以在网络或主机不好的情况下更好地扫描，但这会影响到结果的准确度。-max-parallelism 应该设置为 1，防止 Nmap 对同一主机同一时间发送多次报文。

使用--min-parallelism 选项进行演示

```
root@Wing:~# nmap --min-parallelism 100 192.168.126.1/24

Starting Nmap 6.40 ( http://nmap.org ) at 2014-06-12 12:52 CST
Nmap scan report for 192.168.126.1
Host is up (0.00020s latency).
All 1000 scanned ports on 192.168.126.1 are filtered
MAC Address: 00:50:56:C0:00:08 (VMware)
```

```
Nmap scan report for 192.168.126.2
Host is up (0.00028s latency).
Not shown: 999 closed ports
PORT   STATE SERVICE
53/tcp open  domain
MAC Address: 00:50:56:F1:06:20 (VMware)

Nmap scan report for 192.168.126.131
Host is up (0.00025s latency).
Not shown: 977 closed ports
PORT     STATE SERVICE
21/tcp   open  ftp
22/tcp   open  ssh
23/tcp   open  telnet
25/tcp   open  smtp
53/tcp   open  domain
80/tcp   open  http
111/tcp  open  rpcbind
139/tcp  open  netbios-ssn
445/tcp  open  microsoft-ds
512/tcp  open  exec
513/tcp  open  login
514/tcp  open  shell
1099/tcp open  rmiregistry
1524/tcp open  ingreslock
2049/tcp open  nfs
2121/tcp open  ccproxy-ftp
3306/tcp open  mysql
5432/tcp open  postgresql
5900/tcp open  vnc
6000/tcp open  X11
6667/tcp open  irc
8009/tcp open  ajp13
8180/tcp open  unknown
MAC Address: 00:0C:29:E0:2E:76 (VMware)

Nmap scan report for 192.168.126.254
Host is up (0.00017s latency).
All 1000 scanned ports on 192.168.126.254 are filtered
MAC Address: 00:50:56:F6:8D:B2 (VMware)

Nmap scan report for 192.168.126.130
Host is up (0.0000040s latency).
All 1000 scanned ports on 192.168.126.130 are closed

Nmap done: 256 IP addresses (5 hosts up) scanned in 5.35 seconds
root@Wing:~#
```

使用--max-parallelism 选项进行演示

```
root@Wing:~# nmap --max-parallelism 100 192.168.126.131

Starting Nmap 6.40 ( http://nmap.org ) at 2014-06-12 13:20 CST
Nmap scan report for 192.168.126.131
Host is up (0.00023s latency).
Not shown: 977 closed ports
PORT     STATE SERVICE
21/tcp   open  ftp
22/tcp   open  ssh
23/tcp   open  telnet
25/tcp   open  smtp
53/tcp   open  domain
80/tcp   open  http
111/tcp  open  rpcbind
139/tcp  open  netbios-ssn
445/tcp  open  microsoft-ds
512/tcp  open  exec
513/tcp  open  login
514/tcp  open  shell
1099/tcp open  rmiregistry
1524/tcp open  ingreslock
2049/tcp open  nfs
2121/tcp open  ccproxy-ftp
3306/tcp open  mysql
5432/tcp open  postgresql
5900/tcp open  vnc
6000/tcp open  X11
6667/tcp open  irc
8009/tcp open  ajp13
8180/tcp open  unknown
MAC Address: 00:0C:29:E0:2E:76 (VMware)

Nmap done: 1 IP address (1 host up) scanned in 0.14 seconds
root@Wing:~#
```

5.4 调整探测报文超时

表 5.4 所示为本章节所需 Nmap 命令表，表中加粗命令为本小节所需命令——调整探测报文超时。

调整探测报文超时选项有--min-rtt-timeout、--max-rtt-timeout、--initial-rtt-timeout。这些选项以毫秒为单位，这些选项对于一些有严格过滤或者是不能 Ping 通的主机有着很好的突破效果，可以节省大部分的扫描时间，在使用该选项的时候需要注意不能将值设置得过于小，否则会增加扫描时间。

表 5.4　本节所需命令

选　　项	解　　释
--min-hostgroup	调整并行扫描组的大小
--min-parallelism --max-parallelism	调整探测报文的并行度
--min-rtt-timeout **--max-rtt-timeout** **--initial-rtt-timeout**	**调整探测报文超时**
--host-timeout	放弃低速目标主机
--scan-delay --max-scan-delay	调整探测报文的时间间隔

使用--max-rtt-timeout 选项时，规定为 100 毫秒是比较合适的。一般情况下，rtt 值不得小于 100 毫秒，也最好不要超过 1000 毫秒。

使用--initial-rtt-timeout 选项进行演示

```
root@Wing:~# nmap --initial-rtt-timeout 1000ms 192.168.126.131

Starting Nmap 6.40 ( http://nmap.org ) at 2014-06-12 13:30 CST
Nmap scan report for 192.168.126.131
Host is up (0.00030s latency).
Not shown: 977 closed ports
PORT     STATE SERVICE
21/tcp   open  ftp
22/tcp   open  ssh
23/tcp   open  telnet
25/tcp   open  smtp
53/tcp   open  domain
80/tcp   open  http
111/tcp  open  rpcbind
139/tcp  open  netbios-ssn
445/tcp  open  microsoft-ds
512/tcp  open  exec
513/tcp  open  login
514/tcp  open  shell
1099/tcp open  rmiregistry
1524/tcp open  ingreslock
2049/tcp open  nfs
2121/tcp open  ccproxy-ftp
3306/tcp open  mysql
5432/tcp open  postgresql
5900/tcp open  vnc
6000/tcp open  X11
```

```
6667/tcp open  irc
8009/tcp open  ajp13
8180/tcp open  unknown
MAC Address: 00:0C:29:E0:2E:76 (VMware)

Nmap done: 1 IP address (1 host up) scanned in 0.17 seconds
root@Wing:~#
```

在使用选项的时候，我们要记得加上毫秒的单位 ms，否则 Nmap 是不会运行成功的。

使用--max-rtt-timeout 选项进行演示

```
root@Wing:~# nmap --max-rtt-timeout 500ms 192.168.126.131

Starting Nmap 6.40 ( http://nmap.org ) at 2014-06-12 13:33 CST
Nmap scan report for 192.168.126.131
Host is up (0.00028s latency).
Not shown: 977 closed ports
PORT     STATE SERVICE
21/tcp   open  ftp
22/tcp   open  ssh
23/tcp   open  telnet
25/tcp   open  smtp
53/tcp   open  domain
80/tcp   open  http
111/tcp  open  rpcbind
139/tcp  open  netbios-ssn
445/tcp  open  microsoft-ds
512/tcp  open  exec
513/tcp  open  login
514/tcp  open  shell
1099/tcp open  rmiregistry
1524/tcp open  ingreslock
2049/tcp open  nfs
2121/tcp open  ccproxy-ftp
3306/tcp open  mysql
5432/tcp open  postgresql
5900/tcp open  vnc
6000/tcp open  X11
6667/tcp open  irc
8009/tcp open  ajp13
8180/tcp open  unknown
MAC Address: 00:0C:29:E0:2E:76 (VMware)

Nmap done: 1 IP address (1 host up) scanned in 0.14 seconds
root@Wing:~#
```

使用--min-rtt-timeout 选项进行演示

```
root@Wing:~# nmap --min-rtt-timeout 500ms 192.168.126.131
```

```
Starting Nmap 6.40 ( http://nmap.org ) at 2014-06-12 13:35 CST
Nmap scan report for 192.168.126.131
Host is up (0.00026s latency).
Not shown: 977 closed ports
PORT     STATE SERVICE
21/tcp   open  ftp
22/tcp   open  ssh
23/tcp   open  telnet
25/tcp   open  smtp
53/tcp   open  domain
80/tcp   open  http
111/tcp  open  rpcbind
139/tcp  open  netbios-ssn
445/tcp  open  microsoft-ds
512/tcp  open  exec
513/tcp  open  login
514/tcp  open  shell
1099/tcp open  rmiregistry
1524/tcp open  ingreslock
2049/tcp open  nfs
2121/tcp open  ccproxy-ftp
3306/tcp open  mysql
5432/tcp open  postgresql
5900/tcp open  vnc
6000/tcp open  X11
6667/tcp open  irc
8009/tcp open  ajp13
8180/tcp open  unknown
MAC Address: 00:0C:29:E0:2E:76 (VMware)

Nmap done: 1 IP address (1 host up) scanned in 0.20 seconds
root@Wing:~#
```

5.5 放弃缓慢的目标主机

表 5.5 所示为本章节所需 Nmap 命令表，表中加粗命令为本小节所需命令——放弃低速目标主机。

使用--host-timeout 选项就可以放弃缓慢的目标主机。在我们扫描过多的主机时可能会遇到因为带宽、主机性能等各方面的原因导致扫描速度过慢。在这些主机并不重要的前提下，可以使用该选项忽略反应慢的主机，以便于加快扫描速度。

表 5.5 本节所需命令

选 项	解 释
--min-hostgroup	调整并行扫描组的大小
--min-parallelism --max-parallelism	调整探测报文的并行度
--min-rtt-timeout --max-rtt-timeout --initial-rtt-timeout	调整探测报文超时
--host-timeout	**放弃低速目标主机**
--scan-delay --max-scan-delay	调整探测报文的时间间隔

--host-timeout 的单位是毫秒，一般我们设置为 1800000 毫秒，保证 Nmap 在对单个主机扫描的时间上不会超过半小时，当然并不是在这半个小时的时间中只扫描这一个主机，其他的主机也会同时被扫描。

```
root@Wing:~# nmap --host-timeout 100ms 192.168.126.1/24

Starting Nmap 6.40 ( http://nmap.org ) at 2014-06-12 13:42 CST
Nmap scan report for 192.168.126.1
Host is up (0.00089s latency).
Skipping host 192.168.126.1 due to host timeout
Nmap scan report for 192.168.126.2
Host is up (0.00041s latency).
Skipping host 192.168.126.2 due to host timeout
Nmap scan report for 192.168.126.130
Host is up (0.0000060s latency).
All 1000 scanned ports on 192.168.126.130 are closed

Nmap done: 256 IP addresses (3 hosts up) scanned in 0.36 seconds
root@Wing:~#
```

在规定比较小的时间单位时，我们会发现 Nmap 还来不及扫描更多的主机就被迫停止了扫描，设置一个合理的时间至关重要。

```
root@Wing:~# nmap --host-timeout 1000ms 192.168.126.1/24

Starting Nmap 6.40 ( http://nmap.org ) at 2014-06-12 13:42 CST
Nmap scan report for 192.168.126.1
Host is up (0.00060s latency).
Skipping host 192.168.126.1 due to host timeout
Nmap scan report for 192.168.126.2
Host is up (0.00026s latency).
Not shown: 999 closed ports
```

```
PORT   STATE SERVICE
53/tcp open  domain
MAC Address: 00:50:56:F1:06:20 (VMware)

Nmap scan report for 192.168.126.131
Host is up (0.00031s latency).
Not shown: 977 closed ports
PORT     STATE SERVICE
21/tcp   open  ftp
22/tcp   open  ssh
23/tcp   open  telnet
25/tcp   open  smtp
53/tcp   open  domain
80/tcp   open  http
111/tcp  open  rpcbind
139/tcp  open  netbios-ssn
445/tcp  open  microsoft-ds
512/tcp  open  exec
513/tcp  open  login
514/tcp  open  shell
1099/tcp open  rmiregistry
1524/tcp open  ingreslock
2049/tcp open  nfs
2121/tcp open  ccproxy-ftp
3306/tcp open  mysql
5432/tcp open  postgresql
5900/tcp open  vnc
6000/tcp open  X11
6667/tcp open  irc
8009/tcp open  ajp13
8180/tcp open  unknown
MAC Address: 00:0C:29:E0:2E:76 (VMware)

Nmap scan report for 192.168.126.130
Host is up (0.0000070s latency).
All 1000 scanned ports on 192.168.126.130 are closed

Nmap done: 256 IP addresses (4 hosts up) scanned in 2.29 seconds
root@Wing:~#
```

对于规定的时间来说，并没有一个唯一的标准，而是由当前网络状态等多方面因素决定。

5.6 调整报文适合时间间隔

表 5.6 所示为本章节所需 Nmap 命令表，表中加粗命令为本小节所需命令——调整探测报文的时间间隔。

表 5.6 本节所需命令

选　项	解　释
--min-hostgroup	调整并行扫描组的大小
--min-parallelism --max-parallelism	调整探测报文的并行度
--min-rtt-timeout --max-rtt-timeout --initial-rtt-timeout	调整探测报文超时
--host-timeout	放弃低速目标主机
--scan-delay **--max-scan-delay**	**调整探测报文的时间间隔**

使用--scan-delay 与--max-scan-delay 选项可以调整报文合适的时间间隔。该选项可以控制 Nmap 对一个或多个主机发送探测报文的等待时间，等待时间以毫秒为单位，很多时候 Nmap 会发送很多不必要的报文，这会让 Nmap 运行速度降低。当我们的带宽并不是很乐观的情况下可以使用该选项，但此选项并不能将 Nmap 应有的性能发挥出来，对于这个选项还是需要谨慎使用。

使用--scan-delay 选项进行演示

```
root@Wing:~# nmap --scan-delay 1s 192.168.126.131

Starting Nmap 6.40 ( http://nmap.org ) at 2014-06-12 13:48 CST
Nmap scan report for 192.168.126.131
Host is up (0.00030s latency).
Not shown: 977 closed ports
PORT     STATE SERVICE
21/tcp   open  ftp
22/tcp   open  ssh
23/tcp   open  telnet
25/tcp   open  smtp
53/tcp   open  domain
80/tcp   open  http
```

```
111/tcp  open  rpcbind
139/tcp  open  netbios-ssn
445/tcp  open  microsoft-ds
512/tcp  open  exec
513/tcp  open  login
514/tcp  open  shell
1099/tcp open  rmiregistry
1524/tcp open  ingreslock
2049/tcp open  nfs
2121/tcp open  ccproxy-ftp
3306/tcp open  mysql
5432/tcp open  postgresql
5900/tcp open  vnc
6000/tcp open  X11
6667/tcp open  irc
8009/tcp open  ajp13
8180/tcp open  unknown
MAC Address: 00:0C:29:E0:2E:76 (VMware)

Nmap done: 1 IP address (1 host up) scanned in 122.17 seconds
root@Wing:~#
```

使用--max-scan-delay 选项进行演示

```
root@Wing:~# nmap --max-scan-delay 30s 192.168.126.131

Starting Nmap 6.40 ( http://nmap.org ) at 2014-06-12 14:00 CST
Nmap scan report for 192.168.126.131
Host is up (0.00022s latency).
Not shown: 977 closed ports
PORT     STATE SERVICE
21/tcp   open  ftp
22/tcp   open  ssh
23/tcp   open  telnet
25/tcp   open  smtp
53/tcp   open  domain
80/tcp   open  http
111/tcp  open  rpcbind
139/tcp  open  netbios-ssn
445/tcp  open  microsoft-ds
512/tcp  open  exec
513/tcp  open  login
514/tcp  open  shell
1099/tcp open  rmiregistry
1524/tcp open  ingreslock
2049/tcp open  nfs
2121/tcp open  ccproxy-ftp
3306/tcp open  mysql
```

```
5432/tcp open  postgresql
5900/tcp open  vnc
6000/tcp open  X11
6667/tcp open  irc
8009/tcp open  ajp13
8180/tcp open  unknown
MAC Address: 00:0C:29:E0:2E:76 (VMware)

Nmap done: 1 IP address (1 host up) scanned in 0.16 seconds
root@Wing:~#
```

第6章　防火墙/IDS 逃逸

本章知识点

- 关于防火墙/IDS
- 报文分段
- 指定偏移大小
- IP 欺骗
- 源地址欺骗
- 源端口欺骗
- 指定发包长度
- 目标主机随机排序
- MAC 地址欺骗

本章节将介绍的知识仅供参考，读者切勿用于非法用途，请遵守相应的道德标准。通过对该章的学习可以利用 Nmap 逃避防火墙/IDS 的防护获取信息甚至进行攻击，本章只对实用选项进行典型例子解析，希望可以起到抛砖引玉的作用。

本章选项

表 6.1 所示为本章节所需 Nmap 命令表，为方便读者查阅，笔者特此整理。

表 6.1　本章所需选项

选　项	解　释
-f	报文分段
--mtu	指定偏移大小
-D	IP 欺骗
-sI	源地址欺骗

续表

选　　项	解　　释
--source-port	源端口欺骗
--data-length	指定发包长度
--randomize-hosts	目标主机随机排序
--spoof-mac	MAC 地址欺骗

6.1 关于防火墙/IDS

网络防火墙就是一个位于计算机和它所连接的网络之间的软件。该计算机流入流出的所有网络通信均要经过此防火墙。防火墙对流经它的网络通信进行扫描，这样能够过滤掉一些攻击，以免其在目标计算机上被执行。防火墙还可以关闭不使用的端口，而且还能禁止特定端口的流出通信，封锁特洛伊木马。最后，它可以禁止来自特殊站点的访问，从而防止来自不明入侵者的所有通信。

IDS 是英文“Intrusion Detection Systems”的缩写，中文意思是“入侵检测系统”。专业上讲就是依照一定的安全策略，通过软、硬件，对网络、系统的运行状况进行监视，尽可能发现各种攻击企图、攻击行为或者攻击结果，以保证网络系统资源的机密性、完整性和可用性。作一个形象的比喻：假如防火墙是一幢大楼的门锁，那么 IDS 就是这幢大楼里的监视系统。一旦小偷爬窗进入大楼，或内部人员有越界行为，只有实时监视系统才能发现情况并发出警告。

实时入侵检测在网络连接过程中进行，系统根据用户的历史行为模型、存储在计算机中的专家知识以及神经网络模型对用户当前的操作进行判断，一旦发现入侵迹象立即断开入侵者与主机的连接，并收集证据和实施数据恢复。这个检测过程是不断循环进行的。而事后入侵检测则是由具有网络安全专业知识的网络管理人员定期或不定期进行的，不具有实时性，因此防御入侵的能力不如实时入侵检测系统。

IDS 系统组件之间需要通信，不同厂商的 IDS 系统之间也需要通信。因此，定义统一的协议，使各部分能够根据协议所制订的标准进行沟通是很有必要的。IETF 目前有一个专门的小组 IDWG（IntrusionDetection WorkingGroup）负责定义这种通信格式，称作 Intrusion Detection ExchangeFormat。目前只有相关的草案，并未形成正式的 RFC 文档。尽管如此，草案为 IDS 各部分之间甚至不同 IDS 系统之间的通信提供层协议，涉及许多其他功能（如可从任意端发起连接，结合了加密、身份验证等）。

6.2 报文分段

表 6.2 所示为本章节所需 Nmap 命令表，表中加粗命令为本小节所需命令——报文分段。

表 6.2　　本节所需命令

选　项	解　释
-f	**报文分段**
--mtu	指定偏移大小
-D	IP 欺骗
-sI	源地址欺骗
--source-port	源端口欺骗
--data-length	指定发包长度
--randomize-hosts	目标主机随机排序
--spoof-mac	MAC 地址欺骗

报文分段的选项是-f。在 Nmap 使用-f 选项时会将 TCP 头分段在几个包中，使得包过滤器、IDS 以及其他工具的检测更加困难。Nmap 在 IP 头后会将包分为 8 个字节或更小。在使用-f 选项的时候需要小心，处置不当时会出现某些错误，这是我们不愿意看到的。

一些主机会禁止相应 ICMP 请求，对于这种情况就可以使用报文分段的方法来逃避目标防火墙的规则。首先使用 Ping 扫描目标主机。

```
root@Wing:~# nmap -sX -v -F 192.168.121.1

Starting Nmap 6.47 ( http://nmap.org ) at 2015-06-28 14:29 CST
Initiating Ping Scan at 14:29
Scanning 192.168.121.1 [4 ports]
Completed Ping Scan at 14:29, 0.00s elapsed (1 total hosts)
Initiating Parallel DNS resolution of 1 host. at 14:29
Completed Parallel DNS resolution of 1 host. at 14:29, 0.01s elapsed
Initiating XMAS Scan at 14:29
Scanning 192.168.121.1 [100 ports]
Completed XMAS Scan at 14:29, 3.04s elapsed (100 total ports)
Nmap scan report for 192.168.121.1
Host is up (0.0018s latency).
All 100 scanned ports on 192.168.121.1 are open|filtered

Read data files from: /usr/bin/../share/nmap
```

```
Nmap done: 1 IP address (1 host up) scanned in 3.11 seconds
         Raw packets sent: 204 (8.152KB) | Rcvd: 2 (68B)
root@Wing:~#
```

在输出的结果中无法获知目标主机的端口是否开放。此时尝试使用报文分段进行扫描。

```
root@Wing:~# nmap -f -v 192.168.121.1

Starting Nmap 6.47 ( http://nmap.org ) at 2015-06-28 15:09 CST
Initiating Ping Scan at 15:09
Scanning 192.168.121.1 [4 ports]
Completed Ping Scan at 15:09, 0.00s elapsed (1 total hosts)
Initiating Parallel DNS resolution of 1 host. at 15:09
Completed Parallel DNS resolution of 1 host. at 15:09, 0.01s elapsed
Initiating SYN Stealth Scan at 15:09
Scanning 192.168.121.1 [1000 ports]
Discovered open port 139/tcp on 192.168.121.1
Discovered open port 135/tcp on 192.168.121.1
Discovered open port 445/tcp on 192.168.121.1
Discovered open port 49152/tcp on 192.168.121.1
Discovered open port 49155/tcp on 192.168.121.1
Discovered open port 912/tcp on 192.168.121.1
Discovered open port 49153/tcp on 192.168.121.1
Increasing send delay for 192.168.121.1 from 0 to 5 due to 95 out of 315 dropped probes
since last increase.
Discovered open port 902/tcp on 192.168.121.1
Discovered open port 843/tcp on 192.168.121.1
Discovered open port 49165/tcp on 192.168.121.1
Discovered open port 8000/tcp on 192.168.121.1
Discovered open port 7000/tcp on 192.168.121.1
Completed SYN Stealth Scan at 15:11, 120.30s elapsed (1000 total ports)
Nmap scan report for 192.168.121.1
Host is up (1.2s latency).
Not shown: 987 closed ports
PORT      STATE    SERVICE
135/tcp   open     msrpc
139/tcp   open     netbios-ssn
445/tcp   open     microsoft-ds
514/tcp   filtered shell
843/tcp   open     unknown
902/tcp   open     iss-realsecure
912/tcp   open     apex-mesh
7000/tcp  open     afs3-fileserver
8000/tcp  open     http-alt
49152/tcp open     unknown
49153/tcp open     unknown
49155/tcp open     unknown
49165/tcp open     unknown

Read data files from: /usr/bin/../share/nmap
```

```
Nmap done: 1 IP address (1 host up) scanned in 120.37 seconds
       Raw packets sent: 1853 (81.508KB) | Rcvd: 1054 (42.404KB)
root@Wing:~#
```

尝试使用报文分段后获得了更多的数据。这说明报文分段能够有效地应对目标主机防火墙的防护规则。

6.3 指定偏移大小

表 6.3 所示为本章节所需 Nmap 命令表，表中加粗命令为本小节所需命令——指定偏移大小。

表 6.3　本节所需命令

选　项	解　释
-f	报文分段
--mtu	**指定偏移大小**
-D	IP 欺骗
-sI	源地址欺骗
--source-port	源端口欺骗
--data-length	指定发包长度
--randomize-hosts	目标主机随机排序
--spoof-mac	MAC 地址欺骗

使用--mtu 就可以用来指定偏移大小。MTU，即 Maximum Transmission Unit（最大传输单元），此值设定 TCP/IP 协议传输数据报时的最大传输单元。使用指定的 MTU 可以达到逃逸防火墙/IDS 的目的，需要注意的是偏移量必须是 8 的倍数。

```
root@Wing:~# nmap --mtu 16 192.168.126.131

Starting Nmap 6.40 ( http://nmap.org ) at 2014-06-12 14:19 CST
Nmap scan report for 192.168.126.131
Host is up (0.00025s latency).
Not shown: 977 closed ports
PORT     STATE SERVICE
21/tcp   open  ftp
22/tcp   open  ssh
23/tcp   open  telnet
25/tcp   open  smtp
53/tcp   open  domain
80/tcp   open  http
```

```
111/tcp  open  rpcbind
139/tcp  open  netbios-ssn
445/tcp  open  microsoft-ds
512/tcp  open  exec
513/tcp  open  login
514/tcp  open  shell
1099/tcp open  rmiregistry
1524/tcp open  ingreslock
2049/tcp open  nfs
2121/tcp open  ccproxy-ftp
3306/tcp open  mysql
5432/tcp open  postgresql
5900/tcp open  vnc
6000/tcp open  X11
6667/tcp open  irc
8009/tcp open  ajp13
8180/tcp open  unknown
MAC Address: 00:0C:29:E0:2E:76 (VMware)

Nmap done: 1 IP address (1 host up) scanned in 0.16 seconds
root@Wing:~#
```

6.4 IP 欺骗

表 6.4 所示为本章节所需 Nmap 命令表，表中加粗命令为本小节所需命令——IP 欺骗。

表 6.4　　本节所需命令

选　　项	解　　释
-f	报文分段
--mtu	指定偏移大小
-D	**IP 欺骗**
-sI	源地址欺骗
--source-port	源端口欺骗
--data-length	指定发包长度
--randomize-hosts	目标主机随机排序
--spoof-mac	MAC 地址欺骗

使用-D 选项就可以达到使用诱饵进行 IP 欺骗的作用，在使用该选项对目标进行扫描的时候，会让目标主机误认为是在利用诱饵进行扫描，而不是一个真实的扫描，这样可以躲避防火墙和某些规则的限制，也可以达到隐藏自身的目的，这在实际的扫描中是非常有用的一个选项。

可以使用英文的逗号对每个诱饵主机进行分割，当然也要领会目标主机管理员的想法，他可能会认为该扫描使用的是诱饵主机进行扫描的，而不是真实的扫描地址，因此会忽略这次扫描，反而可以使用自己的真实 IP 去进行扫描，会达到欺骗目标主机管理员的目的，这样做时最好与诱饵主机交叉使用。

IP 欺骗的语法如下：

Nmap -D 【decoy1，decoy2…|RND：number】【目标】

使用-D 选项可以指定多个 IP 地址，或者使用 RND 随机生成几个地址，在指定的诱饵之间使用逗号进行分割，需要注意的是在进行版本检测或者 TCP 扫描的时候诱饵是无效的。

```
root@Wing:~# nmap -D RND:11 192.168.126.131

Starting Nmap 6.40 ( http://nmap.org ) at 2014-06-12 14:26 CST
Nmap scan report for 192.168.121.1
Host is up (0.00040s latency).
Not shown: 977 closed ports
PORT     STATE SERVICE
21/tcp   open  ftp
22/tcp   open  ssh
23/tcp   open  telnet
25/tcp   open  smtp
53/tcp   open  domain
80/tcp   open  http
111/tcp  open  rpcbind
139/tcp  open  netbios-ssn
445/tcp  open  microsoft-ds
512/tcp  open  exec
513/tcp  open  login
514/tcp  open  shell
1099/tcp open  rmiregistry
1524/tcp open  ingreslock
2049/tcp open  nfs
2121/tcp open  ccproxy-ftp
3306/tcp open  mysql
5432/tcp open  postgresql
5900/tcp open  vnc
6000/tcp open  X11
6667/tcp open  irc
8009/tcp open  ajp13
8180/tcp open  unknown
MAC Address: 00:0C:29:E0:2E:76 (VMware)

Nmap done: 1 IP address (1 host up) scanned in 0.42 seconds
root@Wing:~#
```

我们通过抓包的方法，看一下 Nmap 规避防火墙的效果。

如图 6.1 所示，可以看到有 11 个随机的、不同的 IP 地址向目标主机发送了 SYN 包，其中，192.168.239.128 是真实的 IP 地址。

这种随机的方法或许容易被发现，接下来将指定几个 IP 地址对目标实施扫描来达到更好的效果。

```
root@Wing:~# nmap -D 192.168.0.1,192.168.0.2,192.168.0.254 192.168.121.1

Starting Nmap 6.40 ( http://nmap.org ) at 2015-06-12 14:36 CST
Nmap scan report for 192.168.126.131
Host is up (0.00040s latency).
Not shown: 977 closed ports
PORT     STATE SERVICE
21/tcp   open  ftp
22/tcp   open  ssh
23/tcp   open  telnet
25/tcp   open  smtp
53/tcp   open  domain
80/tcp   open  http
111/tcp  open  rpcbind
139/tcp  open  netbios-ssn
445/tcp  open  microsoft-ds
512/tcp  open  exec
513/tcp  open  login
514/tcp  open  shell
1099/tcp open  rmiregistry
1524/tcp open  ingreslock
2049/tcp open  nfs
2121/tcp open  ccproxy-ftp
3306/tcp open  mysql
5432/tcp open  postgresql
5900/tcp open  vnc
6000/tcp open  X11
6667/tcp open  irc
8009/tcp open  ajp13
8180/tcp open  unknown
MAC Address: 00:0C:29:E0:2E:76 (VMware)

Nmap done: 1 IP address (1 host up) scanned in 0.42 seconds
root@Wing:~#
```

如图 6.2 所示，通过抓包的方法看到 Nmap 正在使用我们指定的 IP 进行对目标主机的扫描。您也可以使用 ME 选项指定自己的真实 IP。

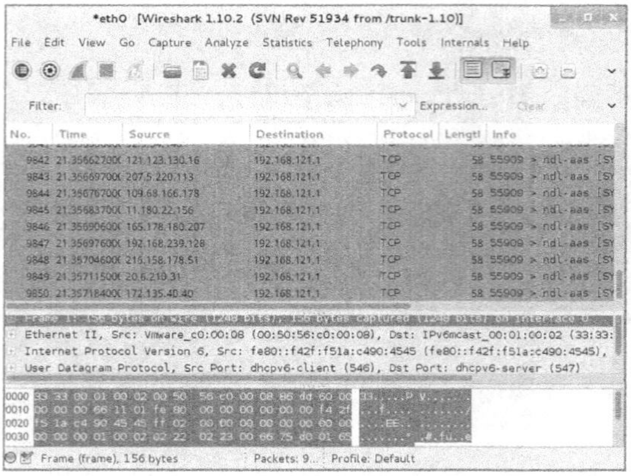

▲图 6.1　IP 地址发包效果

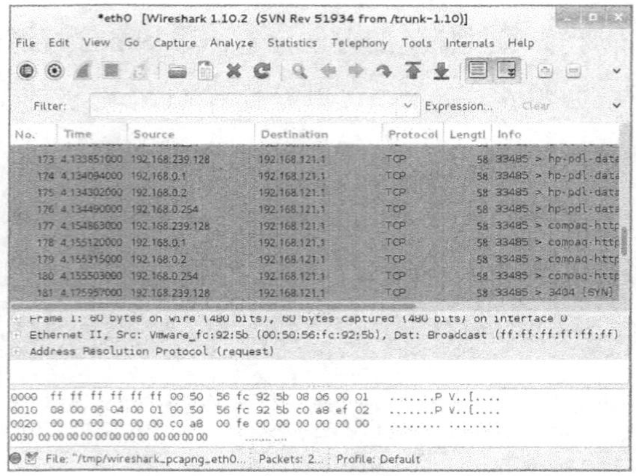

▲图 6.2　使用指定 IP 对目标主机扫描

```
root@Wing:~# nmap -D 192.168.0.1,192.168.0.2,192.168.0.254,ME 192.168.121.1

Starting Nmap 6.47 ( http://nmap.org ) at 2015-06-28 15:31 CST
RTTVAR has grown to over 2.3 seconds, decreasing to 2.0
RTTVAR has grown to over 2.3 seconds, decreasing to 2.0
Nmap scan report for 192.168.121.1
Host is up (1.0s latency).
Not shown: 987 closed ports
PORT      STATE    SERVICE
135/tcp   open     msrpc
139/tcp   open     netbios-ssn
445/tcp   open     microsoft-ds
514/tcp   filtered shell
843/tcp   open     unknown
902/tcp   open     iss-realsecure
912/tcp   open     apex-mesh
7000/tcp  open     afs3-fileserver
8000/tcp  open     http-alt
49152/tcp open     unknown
49153/tcp open     unknown
49155/tcp open     unknown
49165/tcp open     unknown

Nmap done: 1 IP address (1 host up) scanned in 158.90 seconds
root@Wing:~#
```

需要注意的是，诱饵主机必须处于工作状态，否则会导致目标主机的 SYN 洪水攻击。

6.5 源地址欺骗

表 6.5 所示为本章节所需 Nmap 命令表，表中加粗命令为本小节所需命令——源地址欺骗。

表 6.5 本节所需命令

选　项	解　释
-f	报文分段
--mtu	指定偏移大小
-D	IP 欺骗
-sI	**源地址欺骗**
--source-port	源端口欺骗
--data-length	指定发包长度
--randomize-hosts	目标主机随机排序
--spoof-mac	MAC 地址欺骗

使用-sI 选项就可以进行源地址欺骗。如果 Nmap 无法确定你的源地址，Nmap 会给出相应的提示，我们使用-sI 选项指定所需要发包的接口 IP 地址。

```
root@Wing:~# nmap -sI 0day:80 192.168.126.131
WARNING: Many people use -Pn w/Idlescan to prevent pings from their true IP.  On the other
hand, timing info Nmap gains from pings can allow for faster, more reliable scans.

Starting Nmap 6.40 ( http://nmap.org ) at 2014-06-12 14:50 CST
Idle scan using zombie 0day; Class: Incremental
Nmap scan report for 192.168.126.131
Host is up (0.051s latency).
Not shown: 977 closed|filtered ports
PORT     STATE SERVICE
21/tcp   open  ftp
22/tcp   open  ssh
23/tcp   open  telnet
25/tcp   open  smtp
53/tcp   open  domain
80/tcp   open  http
111/tcp  open  rpcbind
139/tcp  open  netbios-ssn
445/tcp  open  microsoft-ds
512/tcp  open  exec
513/tcp  open  login
514/tcp  open  shell
1099/tcp open  rmiregistry
```

```
1524/tcp open  ingreslock
2049/tcp open  nfs
2121/tcp open  ccproxy-ftp
3306/tcp open  mysql
5432/tcp open  postgresql
5900/tcp open  vnc
6000/tcp open  X11
6667/tcp open  irc
8009/tcp open  ajp13
8180/tcp open  unknown
MAC Address: 00:0C:29:E0:2E:76 (VMware)

Nmap done: 1 IP address (1 host up) scanned in 40.30 seconds
root@Wing:~#
```

-sI 选项我们在之前的章节空闲扫描中提到过，但它主要是用作源地址欺骗。

6.6 源端口欺骗

表 6.6 所示为本章节所需 Nmap 命令表，表中加粗命令为本小节所需命令——源端口欺骗。

表 6.6　　本节所需命令

选　　项	解　　释
-f	报文分段
--mtu	指定偏移大小
-D	IP 欺骗
-sI	源地址欺骗
--source-port	**源端口欺骗**
--data-length	指定发包长度
--randomize-hosts	目标主机随机排序
--spoof-mac	MAC 地址欺骗

使用--source-port 选项就可以进行源端口欺骗，当然也可以使用-g 选项，它们是一样的，我们只需要提供一个端口号，Nmap 就可以从这些端口中发送数据，因为防火墙对服务器的设置会根据端口选择是否信任数据流，管理员可能会认为这些端口不会有攻击发生，所以可以利用这些端口去进行扫描。

```
root@Wing:~# nmap --source-port 53 192.168.126.131

Starting Nmap 6.40 ( http://nmap.org ) at 2014-06-12 14:57 CST
```

```
Nmap scan report for 192.168.126.131
Host is up (0.00035s latency).
Not shown: 977 closed ports
PORT     STATE SERVICE
21/tcp   open  ftp
22/tcp   open  ssh
23/tcp   open  telnet
25/tcp   open  smtp
53/tcp   open  domain
80/tcp   open  http
111/tcp  open  rpcbind
139/tcp  open  netbios-ssn
445/tcp  open  microsoft-ds
512/tcp  open  exec
513/tcp  open  login
514/tcp  open  shell
1099/tcp open  rmiregistry
1524/tcp open  ingreslock
2049/tcp open  nfs
2121/tcp open  ccproxy-ftp
3306/tcp open  mysql
5432/tcp open  postgresql
5900/tcp open  vnc
6000/tcp open  X11
6667/tcp open  irc
8009/tcp open  ajp13
8180/tcp open  unknown
MAC Address: 00:0C:29:E0:2E:76 (VMware)

Nmap done: 1 IP address (1 host up) scanned in 0.15 seconds
root@Wing:~#
```

在这里我们指定的是 53 端口，一般这是被允许的，当然也可以指定其他的端口进行源端口欺骗。

6.7 指定发包长度

表 6.7 所示为本章节所需 Nmap 命令表，表中加粗命令为本小节所需命令——指定发包长度。

表 6.7　　本节所需命令

选　项	解　释
-f	报文分段
--mtu	指定偏移大小

续表

选　　项	解　　释
-D	IP 欺骗
-sI	源地址欺骗
--source-port	源端口欺骗
--data-length	**指定发包长度**
--randomize-hosts	目标主机随机排序
--spoof-mac	MAC 地址欺骗

使用--data-length 选项就可以在发送报文的时候指定发包长度。通常情况下，TCP 包是 40 个字节，ICMP Echo 有 28 个字节，所以在原来的报文基础上附加随机数据达到规避防火墙的效果。

```
root@Wing:~# nmap --data-length 30  192.168.126.131

Starting Nmap 6.40 ( http://nmap.org ) at 2014-06-12 15:01 CST
Nmap scan report for 192.168.126.131
Host is up (0.00021s latency).
Not shown: 977 closed ports
PORT     STATE SERVICE
21/tcp   open  ftp
22/tcp   open  ssh
23/tcp   open  telnet
25/tcp   open  smtp
53/tcp   open  domain
80/tcp   open  http
111/tcp  open  rpcbind
139/tcp  open  netbios-ssn
445/tcp  open  microsoft-ds
512/tcp  open  exec
513/tcp  open  login
514/tcp  open  shell
1099/tcp open  rmiregistry
1524/tcp open  ingreslock
2049/tcp open  nfs
2121/tcp open  ccproxy-ftp
3306/tcp open  mysql
5432/tcp open  postgresql
5900/tcp open  vnc
6000/tcp open  X11
6667/tcp open  irc
8009/tcp open  ajp13
8180/tcp open  unknown
MAC Address: 00:0C:29:E0:2E:76 (VMware)
```

```
Nmap done: 1 IP address (1 host up) scanned in 0.14 seconds
root@Wing:~#
```

以上则是对目标主机发送 30 个字节大小的包。

6.8 目标主机随机排序

表 6.8 所示为本章节所需 Nmap 命令表，表中加粗命令为本小节所需命令——目标主机随机排序。

表 6.8　　本节所需命令

选　项	解　释
-f	报文分段
--mtu	指定偏移大小
-D	IP 欺骗
-sI	源地址欺骗
--source-port	源端口欺骗
--data-length	指定发包长度
--randomize-hosts	**目标主机随机排序**
--spoof-mac	MAC 地址欺骗

使用--randomize-hosts 选项就可以对目标主机的顺序进行随机的排序，最多可达 8096 个主机。单方面使用这个选项对防火墙/IDS 逃逸的效果不大，如果配合时间选项则会有很好的效果。

```
root@Wing:~# nmap --randomize-hosts 192.168.126.1-200

Starting Nmap 6.40 ( http://nmap.org ) at 2014-06-12 15:05 CST
Nmap scan report for 192.168.126.2
Host is up (0.00028s latency).
All 1000 scanned ports on 192.168.126.2 are closed
MAC Address: 00:50:56:F1:06:20 (VMware)

Nmap scan report for 192.168.126.1
Host is up (0.00039s latency).
All 1000 scanned ports on 192.168.126.1 are filtered
MAC Address: 00:50:56:C0:00:08 (VMware)

Nmap scan report for 192.168.126.131
Host is up (0.00031s latency).
```

```
Not shown: 977 closed ports
PORT     STATE SERVICE
21/tcp   open  ftp
22/tcp   open  ssh
23/tcp   open  telnet
25/tcp   open  smtp
53/tcp   open  domain
80/tcp   open  http
111/tcp  open  rpcbind
139/tcp  open  netbios-ssn
445/tcp  open  microsoft-ds
512/tcp  open  exec
513/tcp  open  login
514/tcp  open  shell
1099/tcp open  rmiregistry
1524/tcp open  ingreslock
2049/tcp open  nfs
2121/tcp open  ccproxy-ftp
3306/tcp open  mysql
5432/tcp open  postgresql
5900/tcp open  vnc
6000/tcp open  X11
6667/tcp open  irc
8009/tcp open  ajp13
8180/tcp open  unknown
MAC Address: 00:0C:29:E0:2E:76 (VMware)

Nmap scan report for 192.168.126.130
Host is up (0.0000040s latency).
All 1000 scanned ports on 192.168.126.130 are closed

Nmap done: 200 IP addresses (4 hosts up) scanned in 5.46 seconds
root@Wing:~#
```

6.9 MAC 地址欺骗

表 6.9 所示为本章节所需 Nmap 命令表，表中加粗命令为本小节所需命令——MAC 地址欺骗。

表 6.9　　本节所需命令

选　项	解　释
-f	报文分段
--mtu	指定偏移大小
-D	IP 欺骗

续表

选　项	解　释
-sI	源地址欺骗
--source-port	源端口欺骗
--data-length	指定发包长度
--randomize-hosts	目标主机随机排序
--spoof-mac	**MAC 地址欺骗**

使用--spoof-mac 选项就可以进行 MAC 地址欺骗。冒失地指定一个 MAC 定制反而会引起管理员的怀疑，这时我们可以使用字符串“0”随机分配一个 MAC 地址。这里需要注意的是，此处是数字“0”而不是字母“O”，当然您可以指定一个 MAC 地址进行欺骗，指定的 MAC 地址最好是真实存在的，这样才能起到欺骗管理员的效果。使用--spoof-mac 选项可以使用的参数包括 0、MAC Address、Vendor Name。0 表示随机生成一个 MAC 地址，MAC Address 表示用户手动指定一个 MAC 地址，Vendor Name 表示从指定的厂商生成一个 MAC 地址。

```
root@Wing:~# nmap -sT -PN --spoof-mac 0 192.168.126.131

Starting Nmap 6.40 ( http://nmap.org ) at 2014-06-12 15:29 CST
Spoofing MAC address AF:CE:38:EF:6F:F4 (No registered vendor)
Nmap scan report for 192.168.126.131
Host is up (0.013s latency).
Not shown: 977 closed ports
PORT     STATE SERVICE
21/tcp   open  ftp
22/tcp   open  ssh
23/tcp   open  telnet
25/tcp   open  smtp
53/tcp   open  domain
80/tcp   open  http
111/tcp  open  rpcbind
139/tcp  open  netbios-ssn
445/tcp  open  microsoft-ds
512/tcp  open  exec
513/tcp  open  login
514/tcp  open  shell
1099/tcp open  rmiregistry
1524/tcp open  ingreslock
2049/tcp open  nfs
2121/tcp open  ccproxy-ftp
3306/tcp open  mysql
5432/tcp open  postgresql
5900/tcp open  vnc
```

```
6000/tcp open  X11
6667/tcp open  irc
8009/tcp open  ajp13
8180/tcp open  unknown

Nmap done: 1 IP address (1 host up) scanned in 1.53 seconds
root@Wing:~#
```

第 7 章 信息搜集

本章知识点

- 信息搜集
- IP 信息搜集
- WHOIS 查询
- 搜集 E-mail 信息
- IP 反查
- DNS 信息搜集
- 检索系统信息
- 后台打印机服务漏洞
- 系统漏洞扫描
- 扫描 Web 漏洞
- 通过 Snmp 列举 Windows 服务/账户
- 枚举 DNS 服务器的主机名
- HTTP 信息搜集
- 枚举 SSL 密钥
- SSH 服务密钥信息探测

本章节将介绍 Nmap 的 NES 脚本，脚本是用 Lua 程序创作的，目前已有好几百种。lua 的易用性也让更多的用户加入脚本的创作当中来，本章节通过对 Nmap 信息搜集脚本的使用让大家了解 Nmap 的高级技法。

本章脚本

表 7.1 所示为本章节所需 Nmap 命令表，为方便读者查阅，笔者特此整理。

表 7.1　本章所需选项

脚　本	解　释
--script ip-geolocation-*	IP 信息搜集
whois	WHOIS 查询
http-email-harvest	搜集 E-mail 信息
hostmap-ip2hosts	IP 反查
dns-brute	DNS 信息搜集
membase-http-info	检索系统信息
smb-security-mode.nse	后台打印机服务漏洞
smb-check-vulns.nse	系统漏洞扫描
http-stored-xss.nse	扫描 Web 漏洞
snmp-win32-services	通过 Snmp 列举 Windows 服务/账户
dns-brute	枚举 DNS 服务器的主机名
http-headers/http-sitemap-generator	HTTP 信息搜集
ssl-enum-ciphers	枚举 SSL 密钥
ssh-hostkey	SSH 服务密钥信息探测

7.1 信息搜集

在进行渗透测试的时候，首先要做的是对目标进行尽可能全面的信息搜集，在渗透测试中必不可少的就是信息搜集，这是作为渗透思路及方法的铺垫。

信息搜集的方法很多，我们手工也可以对网站进行搜集，也可以借助一些工具对目标站点进行信息搜集，Nmap 就是一个不错的选择。Nmap 内置了很多插件，可供我们进行信息搜集，可不仅仅是一个端口扫描器这么简单。

7.2 IP 信息搜集

表 7.2 所示为本章节所需 Nmap 命令表，表中加粗命令为本小节所需命令——IP 信息搜集。

表 7.2　　本节所需命令

脚　本	解　释
--script ip-geolocation-*	**IP 信息搜集**
whois	WHOIS 查询
http-email-harvest	搜集 E-mail 信息
hostmap-ip2hosts	IP 反查
dns-brute	DNS 信息搜集
membase-http-info	检索系统信息
smb-security-mode.nse	后台打印机服务漏洞
smb-check-vulns.nse	系统漏洞扫描
http-stored-xss.nse	扫描 Web 漏洞
snmp-win32-services	通过 Snmp 列举 Windows 服务/账户
dns-brute	枚举 DNS 服务器的主机名
http-headers/http-sitemap-generator	HTTP 信息搜集
ssl-enum-ciphers	枚举 SSL 密钥
ssh-hostkey	SSH 服务密钥信息探测

操作步骤

我们首先打开 Shell 终端，运行以下命令“nmap --script ip-geolocation-* 目标”。

```
root@Wing:~# nmap --script ip-geolocation-* www.0day.co

Starting Nmap 6.40 ( http://nmap.org ) at 2014-06-12 16:03 CST
Nmap scan report for 0day
Host is up (0.013s latency).
Not shown: 998 filtered ports
PORT    STATE SERVICE
80/tcp  open  http
443/tcp open  https

Host script results:
| ip-geolocation-geobytes:
|   latitude: 22.283
|   longitude: 114.15
|   city: Hong Kong
|   region: Hong Kong (SAR)
|_  country: Hong Kong (SAR)
|_ip-geolocation-geoplugin: ERROR: Script execution failed (use -d to debug)
|_ip-geolocation-maxmind: ERROR: Script execution failed (use -d to debug)

Nmap done: 1 IP address (1 host up) scanned in 52.56 seconds
root@Wing:~#
```

分析

从以上返回来的信息中，我们可以获取目标域名的 IP 地址，并且还可以确定该 IP 地址为一个香港地区 IP，这个 IP 的开放端口有 80 端口、443 端口。可以说我们已经初步确定了目标域名的 IP 及目标主机的端口情况，但需要注意的是，如果目标域名使用了 CDN，那么这个方法是无效的，我们获取的只是目标域名的 CDN 的相关情况，并不是目标域名所对应的真正的 IP 地址。

Nmap 很早就提供了 script 脚本，这些脚本包含着不同的功能，现在的脚本允许用户自定义开发。

7.3 WHOIS 查询

表 7.3 所示为本章节所需 Nmap 命令表，表中加粗命令为本小节所需命令——WHOIS 查询。

表 7.3　　本节所需命令

脚　本	解　释
--script ip-geolocation-*	IP 信息搜集
whois	**WHOIS 查询**
http-email-harvest	搜集 E-mail 信息
hostmap-ip2hosts	IP 反查
dns-brute	DNS 信息搜集
membase-http-info	检索系统信息
smb-security-mode.nse	后台打印机服务漏洞
smb-check-vulns.nse	系统漏洞扫描
http-stored-xss.nse	扫描 Web 漏洞
snmp-win32-services	通过 Snmp 列举 Windows 服务/账户
dns-brute	枚举 DNS 服务器的主机名
http-headers/http-sitemap-generator	HTTP 信息搜集
ssl-enum-ciphers	枚举 SSL 密钥
ssh-hostkey	SSH 服务密钥信息探测

WHOIS（读作“Who is”，而非缩写）是用来查询互联网中域名的 IP 以及所有者等信息的传输协议。早期的 WHOIS 查询多以命令行接口（Command Line）存在，但是现在出现了一些基于网页接口的简化在线查询工具，甚至可以一次向不同的数据库查询。网页接口的查询工具仍然依赖WHOIS协议向服务器发送查询请求，命令行接口的工具仍然被系统管理员广泛使用。

WHOIS 通常使用 TCP 协议 43 端口。每个域名或 IP 的 WHOIS 信息由对应的管理机构保存，例如，以.com 结尾的域名的 WHOIS 信息由.com 域名运营商 VeriSign 管理，中国国家顶级域名.cn 由 CNNIC 管理。

通常情况下，域名或 IP 的信息可以由公众自由查询获得，具体的查询方法是登录由管理机构提供的 WHOIS 服务器，输入待查询的域名进行查询。

操作步骤

使用命令“nmap --script whois 目标”即可查询目标域名 whois 信息。

```
root@Wing:~# nmap --script whois www.0day.co

Starting Nmap 6.40 ( http://nmap.org ) at 2014-06-12 16:10 CST
Nmap scan report for 0day
Host is up (0.0063s latency).
Not shown: 998 filtered ports
PORT    STATE SERVICE
80/tcp  open  http
443/tcp open  https

Host script results:
| whois: Record found at whois.apnic.net
| inetnum: 210.209.122.0 - 210.209.122.255
| netname: NWTCRS-HK
| descr: NWT CRS Dynamic Pool
| country: HK
| person: Ivan Wong
|_email: ivanwong@newworldtel.com

Nmap done: 1 IP address (1 host up) scanned in 69.23 seconds
root@Wing:~#
```

分析

从返回的数据来看，我们可以确定目标域名的 IP 地址及其开放的端口，也搜集到了域名提供商的网址以及域名解析地址和 E-mail 地址。在使用 whois 查询的时候要切记 whois 都是小写字母。查询到的结果仅供参考，大部分的网站现在都启用了 whois 保护，对于域名所有者的姓名、电话等都会隐藏，我们可以查询该域名的历史 whois，历史 whois 可能还没有启用 whois 保护。我们还可以启用其他的几个 whois 查询脚本。

```
root@Wing:~# nmap --script whois --script-args whois.whodb=nofollow www.0day.co

Starting Nmap 6.40 ( http://nmap.org ) at 2014-06-12 16:34 CST
Nmap scan report for 0day
Host is up (0.012s latency).
Not shown: 998 filtered ports
PORT    STATE SERVICE
80/tcp  open  http
443/tcp open  https

Host script results:
|_whois: ERROR: Script execution failed (use -d to debug)

Nmap done: 1 IP address (1 host up) scanned in 25.81 seconds
root@Wing:~#
```

不同的脚本返回的结果也不尽相同。

如果目标域名比较多，我们可以使用列表的方式进行查询。

```
root@Wing:~# nmap -sn --script whois -v -iL host.txt

Starting Nmap 6.40 ( http://nmap.org ) at 2014-06-12 16:39 CST
NSE: Loaded 1 scripts for scanning.
NSE: Script Pre-scanning.
Initiating Ping Scan at 16:39
Scanning 3 hosts [4 ports/host]
Completed Ping Scan at 16:39, 0.01s elapsed (3 total hosts)
Initiating Parallel DNS resolution of 3 hosts. at 16:39
Completed Parallel DNS resolution of 3 hosts. at 16:39, 2.16s elapsed
NSE: Script scanning 3 hosts.
Initiating NSE at 16:39
Completed NSE at 16:39, 5.88s elapsed
Nmap scan report for 0day
Host is up (0.0031s latency).

Host script results:
| whois: Record found at whois.apnic.net
| inetnum: 210.209.122.0 - 210.209.122.255
| netname: NWTCRS-HK
| descr: NWT CRS Dynamic Pool
| country: HK
| person: Ivan Wong
|_email: ivanwong@newworldtel.com

Nmap scan report for www.google.com (74.125.128.103)
```

```
Host is up (0.0036s latency).
Other addresses for www.google.com (not scanned): 74.125.128.106 74.125.128.105
74.125.128.99 74.125.128.104 74.125.128.147
rDNS record for 74.125.128.103: hg-in-f103.1e100.net

Host script results:
| whois: Record found at whois.arin.net
| netrange: 74.125.0.0 - 74.125.255.255
| netname: GOOGLE
| orgname: Google Inc.
| orgid: GCGL
| country: US stateprov: CA
|
| orgtechname: Google Inc
|_orgtechemail: arin-contact@google.com

Nmap scan report for facebook
Host is up (0.0034s latency).

Host script results:
| whois: Record found at whois.apnic.net
| inetnum: 59.0.0.0 - 59.31.255.255
| netname: KORNET
| descr: KOREA TELECOM
| country: KR
| person: IP Manager
|_email: kornet_ip@kt.com

NSE: Script Post-scanning.
Read data files from: /usr/bin/../share/nmap
Nmap done: 3 IP addresses (3 hosts up) scanned in 8.18 seconds
         Raw packets sent: 12 (456B) | Rcvd: 3 (120B)
root@Wing:~#
```

有时候 whois 查询到的信息并不准确，我们更热衷于查询 whois 的历史记录。

7.4 搜集 E-mail 信息

表 7.4 所示为本章节所需 Nmap 命令表，表中加粗命令为本小节所需命令——搜集 E-mail 信息。

表 7.4　　本节所需命令

脚　　本	解　　释
--script ip-geolocation-*	IP 信息搜集
whois	WHOIS 查询
http-email-harvest	**搜集 E-mail 信息**
hostmap-ip2hosts	IP 反查
dns-brute	DNS 信息搜集
membase-http-info	检索系统信息
smb-security-mode.nse	后台打印机服务漏洞
smb-check-vulns.nse	系统漏洞扫描
http-stored-xss.nse	扫描 Web 漏洞
snmp-win32-services	通过 Snmp 列举 Windows 服务/账户
dns-brute	枚举 DNS 服务器的主机名
http-headers/http-sitemap-generator	HTTP 信息搜集
ssl-enum-ciphers	枚举 SSL 密钥
ssh-hostkey	SSH 服务密钥信息探测

E-mail 是我们日常用的方便的通信工具，上一次 Metasploit 网站被黑客攻破的原因正是因为黑客向 Metasploit 管理员发送了一封邮件导致的，邮件可能包含恶意代码或者恶意程序。当然，这必须要正确地搜集到目标 E-mail，本小节将演示如何有效搜集 E-mail 信息。

操作步骤

使用命令“map --script http-email-harvest 目标”即可进行 Email 查询。

```
root@Wing:~# nmap --script http-email-harvest 0day

Starting Nmap 6.40 ( http://nmap.org ) at 2014-06-12 17:10 CST
Nmap scan report for 0day
Host is up (0.018s latency).
Not shown: 998 filtered ports
PORT    STATE SERVICE
80/tcp  open  http
443/tcp open  https
| http-email-harvest:
| Spidering limited to: maxdepth=3; maxpagecount=20
|   root@0day.co
|_  admin@0day.co

Nmap done: 1 IP address (1 host up) scanned in 79.60 seconds
root@Wing:~#
```

分析

默认情况下，http-email-harvest 脚本会对端口进行扫描，这将会花费很长的时间，如果您不想让其进行端口扫描或者只对指定的端口进行扫描，可以使用-p 参数指定一个端口。

从结果可以看出 Nmap 可以成功地分析出有关网站的 Email。

7.5 IP 反查

表 7.5 所示为本章节所需 Nmap 命令表，表中加粗命令为本小节所需命令——IP 反查。

表 7.5 本节所需命令

脚　本	解　释
--script ip-geolocation-*	IP 信息搜集
whois	WHOIS 查询
http-email-harvest	搜集 E-mail 信息
hostmap-ip2hosts	**IP 反查**
dns-brute	DNS 信息搜集
membase-http-info	检索系统信息
smb-security-mode.nse	后台打印机服务漏洞
smb-check-vulns.nse	系统漏洞扫描
http-stored-xss.nse	扫描 Web 漏洞
snmp-win32-services	通过 Snmp 列举 Windows 服务/账户
dns-brute	枚举 DNS 服务器的主机名
http-headers/http-sitemap-generator	HTTP 信息搜集
ssl-enum-ciphers	枚举 SSL 密钥
ssh-hostkey	SSH 服务密钥信息探测

操作步骤

使用命令“nmap -sn --script hostmap-ip2hosts 目标”进行 IP 反查，IP 反查可以将所有绑定到该 IP 的域名显示出来，这样我们就可以很清楚地知道有几个站点在同一个服务器上。

```
root@Wing:~# nmap -sn --script hostmap-ip2hosts 0day

Starting Nmap 6.40 ( http://nmap.org ) at 2014-06-12 17:22 CST
Nmap scan report for 0day
Host is up (0.00090s latency).
```

```
Host script results:
|   hosts:
|     xxx.org
|     xxx.com
|     xxx.com
|     xxx.net
|     xxxx.cc
|_  filename: output_nmap.orgip=210.209.122.11

Nmap done: 1 IP address (1 host up) scanned in 18.24 seconds
```

分析

IP 反查会查询绑定在这一个 IP 上的所有域名，如果是单一的 IP 则不会有结果，如果目标使用的是虚拟主机则会显示结果；如果目标使用了 CDN 也会显示相关结果，但是这个结果是不准确的，此时查询的 IP 并不是真正的 IP。

该脚本调用的是其他网站的接口，如果访问不到该网站或者该网站无法正常运行，Nmap 会进行提示。

> 我们会利用多种方式绕过 CDN 从而获得目标的真实 IP，例如捕获目标主机发送的邮件，或者历史解析记录。

7.6 DNS 信息搜集

表 7.6 所示为本章节所需 Nmap 命令表，表中加粗命令为本小节所需命令——DNS 信息搜集。

表 7.6　本节所需命令

脚　本	解　释
--script ip-geolocation-*	IP 信息搜集
whois	WHOIS 查询
http-email-harvest	搜集 E-mail 信息
hostmap-ip2hosts	IP 反查
dns-brute	**DNS 信息搜集**
membase-http-info	检索系统信息

续表

脚 本	解 释
smb-security-mode.nse	后台打印机服务漏洞
smb-check-vulns.nse	系统漏洞扫描
http-stored-xss.nse	扫描 Web 漏洞
snmp-win32-services	通过 Snmp 列举 Windows 服务/账户
dns-brute	枚举 DNS 服务器的主机名
http-headers/http-sitemap-generator	HTTP 信息搜集
ssl-enum-ciphers	枚举 SSL 密钥
ssh-hostkey	SSH 服务密钥信息探测

域名系统（Domain Name System，DNS）是因特网的一项服务。它作为将域名和 IP 地址相互映射的一个分布式数据库，能够使人更方便地访问互联网。DNS 使用 TCP 和 UDP 端口 53。当前，对于每一级域名长度的限制是 63 个字符，域名总长度则不能超过 253 个字符。

DNS 系统中，常见的资源记录类型包括以下几种。

① 主机记录（A 记录）：RFC 1035 定义，A 记录是用于名称解析的重要记录，它将特定的主机名映射到对应主机的 IP 地址上。

② 别名记录（CNAME 记录）：RFC 1035 定义，CNAME 记录用于将某个别名指向到某个 A 记录上，这样就不需要再为某个新名字另外创建一条新的 A 记录。

③ IPv6 主机记录（AAAA 记录）：RFC 3596 定义，与 A 记录对应，用于将特定的主机名映射到一个主机的 IPv6 地址。

④ 服务位置记录（SRV 记录）：RFC 2782 定义，用于定义提供特定服务的服务器的位置，如主机（hostname）、端口（port number）等。

⑤ NAPTR 记录：RFC 3403 定义，它提供了正则表运式方式去映射一个域名。NAPTR 记录非常著名的一个应用是用于 ENUM 查询。

DNS 通过允许一个名称服务器把它的一部分名称服务（众所周知的 zone）“委托”给子服务器，从而实现了一种层次结构的名称空间。此外，DNS 还提供了一些额外的信息，例如系统别名、联系信息以及哪一个主机正在充当系统组或域的邮件枢纽。

任何一个使用 IP 的计算机网络可以使用 DNS 来实现自己的私有名称系统。尽管如此，当提到在公共的 Internet DNS 系统上实现的域名时，术语“域名”是最常使用的。

这是基于 504 个全球范围的“根域名服务器”（分成 13 组，分别编号为 A 至 M）。从这

504 个根服务器开始，余下的 Internet DNS 命名空间被委托给其他的 DNS 服务器，这些服务器提供 DNS 名称空间中的特定部分。

操作步骤

使用命令“nmap --script dns-brute 目标”进行 DNS 信息搜集。

```
root@Wing:~# nmap --script dns-brute www.xxxx.com

Starting Nmap 6.40 ( http://nmap.org ) at 2014-06-12 17:30 CST
Nmap scan report for nmap (221.192.153.46)
Host is up (0.00017s latency).
All 1000 scanned ports on nmap (221.192.153.46) are filtered

Host script results:
|_dns-brute: Can't guess domain of "nmap"; use dns-brute.domain script argument.

Nmap scan report for www.xxxx.com (xxx.237.1.160)
Host is up (0.024s latency).
Other addresses for www.xxxx.com (not scanned): xxx.10.91.49
rDNS record for xxx.237.1.160: hkhdc.laws.ms
Not shown: 994 filtered ports
PORT     STATE  SERVICE
21/tcp   open   ftp
22/tcp   open   ssh
80/tcp   open   http
5900/tcp open   vnc
8080/tcp open   http-proxy
10082/tcp closed amandaidx

Host script results:
| dns-brute:
|   DNS Brute-force hostnames
|     www.xxxx.com - xxx.237.1.160
|     corp.xxxx.com - xxx.10.91.49
|     corp.xxxx.com - xxx.237.1.160
|     whois.xxxx.com - xxx.237.1.160
|     whois.xxxx.com - xxx.10.91.49
|     ldap.xxxx.com - xxx.10.91.49
|     ldap.xxxx.com - xxx.237.1.160
|     mx0.xxxx.com - xxx.237.1.160
|     mx0.xxxx.com - xxx.10.91.49
|     linux.xxxx.com - xxx.10.91.49
|     linux.xxxx.com - xxx.237.1.160
|     mx1.xxxx.com - xxx.10.91.49
|     mx1.xxxx.com - xxx.237.1.160
|     mail.xxxx.com - xxx.237.1.160
|     mail.xxxx.com - xxx.10.91.49
```

```
|     server.xxxx.com - xxx.10.91.49
|     server.xxxx.com - xxx.237.1.160
|     citrix.xxxx.com - xxx.237.1.160
|     citrix.xxxx.com - xxx.10.91.49
|     ftp0.xxxx.com - xxx.237.1.160
|     ftp0.xxxx.com - xxx.10.91.49
|     cms.xxxx.com - xxx.10.91.49
|     cms.xxxx.com - xxx.237.1.160
|     erp.xxxx.com - xxx.10.91.49
|     erp.xxxx.com - xxx.237.1.160
|     ops.xxxx.com - xxx.237.1.160
|     ops.xxxx.com - xxx.10.91.49
|     host.xxxx.com - xxx.237.1.160
|     host.xxxx.com - xxx.10.91.49
|     pbx.xxxx.com - xxx.10.91.49
|     pbx.xxxx.com - xxx.237.1.160
|     log.xxxx.com - xxx.10.91.49
|     images.xxxx.com - xxx.10.91.49
|     images.xxxx.com - xxx.237.1.160
|     internal.xxxx.com - xxx.237.1.160
|     internal.xxxx.com - xxx.10.91.49
|     internet.xxxx.com - xxx.237.1.160
|_    internet.xxxx.com - xxx.10.91.49

Nmap done: 2 IP addresses (2 hosts up) scanned in 193.31 seconds
root@Wing:~#
```

分析

同过对脚本 dns-brute 的调用可以查询到目标域名所有地址，当然这是基于暴力破解的，并不是所有的域名都可以被暴力破解出来。

该脚本的默认线程是 5，如果是扫描一个大型的网站，速度可能会较慢，可以设置一下扫描线程，nmap--script dns-brute dns-brute.threads=10 www.xxx.com，设置 10 个线程时相应的扫描速度会增加很多。如果需要查询多个域名我们也可以指定一个列表：nmap --script dns-brute dns-brute. threads=10,dns-brute.hostlist www.badu.com。

7.7 检索系统信息

表 7.7 所示为本章节所需 Nmap 命令表，表中加粗命令为本小节所需命令——检索系统信息。

表 7.7　　本节所需命令

脚　本	解　释
--script ip-geolocation-*	IP 信息搜集
whois	WHOIS 查询
http-email-harvest	搜集 E-mail 信息
hostmap-ip2hosts	IP 反查
dns-brute	DNS 信息搜集
membase-http-info	**检索系统信息**
smb-security-mode.nse	后台打印机服务漏洞
smb-check-vulns.nse	系统漏洞扫描
http-stored-xss.nse	扫描 Web 漏洞
snmp-win32-services	通过 Snmp 列举 Windows 服务/账户
dns-brute	枚举 DNS 服务器的主机名
http-headers/http-sitemap-generator	HTTP 信息搜集
ssl-enum-ciphers	枚举 SSL 密钥
ssh-hostkey	SSH 服务密钥信息探测

操作步骤

使用命令“nmap -p 445 目标　--script membase-http-info”即可进行检索系统信息。

```
root@Wing:~# nmap -p 445 192.168.126.131  --script membase-http-info

Starting Nmap 6.40 ( http://nmap.org ) at 2014-06-12 17:54 CST
Nmap scan report for 192.168.126.131
Host is up (0.00027s latency).
PORT    STATE SERVICE
445/tcp open  microsoft-ds
| membase-http-info:
|   Hostname               192.168.126.131:8091
|   OS                     x86_64-unknown-linux-gnu
|   Version                1.7.2r-20-g6604356
|   Kernel version         2.14.4
|   Mnesia version         4.4.19
|   Stdlib version         1.17.4
|   OS mon version         2.2.6
|   NS server version      1.7.2r-20-g6604356
|   SASL version           2.1.9.4
|   Status                 healthy
|   Uptime                 21465
|   Total memory           522022912
|   Free memory            41779200
|_  Server list            192.168.126.131:11210
```

```
MAC Address: 00:0C:29:E0:2E:76 (VMware)

Nmap done: 1 IP address (1 host up) scanned in 0.15 seconds
root@Wing:~#
```

分析

使用 membase-http-info 脚本可以轻易地了解目标系统的详细信息，该脚本配合前面章节学到的几个参数会有更好的收获。

7.8 后台打印机服务漏洞

表 7.8 所示为本章节所需 Nmap 命令表，表中加粗命令为本小节所需命令——后台打印机服务漏洞。

表 7.8 本节所需命令

脚 本	解 释
--script ip-geolocation-*	IP 信息搜集
whois	WHOIS 查询
http-email-harvest	搜集 E-mail 信息
hostmap-ip2hosts	IP 反查
dns-brute	DNS 信息搜集
membase-http-info	检索系统信息
smb-security-mode.nse	**后台打印机服务漏洞**
smb-check-vulns.nse	系统漏洞扫描
http-stored-xss.nse	扫描 Web 漏洞
snmp-win32-services	通过 Snmp 列举 Windows 服务/账户
dns-brute	枚举 DNS 服务器的主机名
http-headers/http-sitemap-generator	HTTP 信息搜集
ssl-enum-ciphers	枚举 SSL 密钥
ssh-hostkey	SSH 服务密钥信息探测

操作步骤

使用命令“nmap --script smb-security-mode.nse -p 445 目标”检查打印机服务漏洞。

```
root@Wing:~# nmap --script smb-security-mode.nse -p 445 192.168.126.128
```

```
Starting Nmap 6.40 ( http://nmap.org ) at 2014-06-12 18:02 CST
Nmap scan report for 192.168.126.128
Host is up (0.00021s latency).
PORT    STATE SERVICE
445/tcp open  microsoft-ds
MAC Address: 00:0C:29:D3:9D:B9 (VMware)

Host script results:
| smb-security-mode:
|   Account that was used for smb scripts: guest
|   User-level authentication
|   SMB Security: Challenge/response passwords supported
|_  Message signing disabled (dangerous, but default)

Nmap done: 1 IP address (1 host up) scanned in 0.11 seconds
root@Wing:~#
```

分析

使用 smb-security-mode.nse 脚本可以后台打印机服务漏洞，使用该脚本时我们需要手动指定端口。

7.9 系统漏洞扫描

表 7.9 所示为本章节所需 Nmap 命令表，表中加粗命令为本小节所需命令——系统漏洞扫描。

表 7.9　本节所需命令

脚　本	解　释
--script ip-geolocation-*	IP 信息搜集
whois	WHOIS 查询
http-email-harvest	搜集 E-mail 信息
hostmap-ip2hosts	IP 反查
dns-brute	DNS 信息搜集
membase-http-info	检索系统信息
smb-security-mode.nse	后台打印机服务漏洞
smb-check-vulns.nse	**系统漏洞扫描**
http-stored-xss.nse	扫描 Web 漏洞
snmp-win32-services	通过 Snmp 列举 Windows 服务/账户

续表

脚　本	解　释
dns-brute	枚举 DNS 服务器的主机名
http-headers/http-sitemap-generator	HTTP 信息搜集
ssl-enum-ciphers	枚举 SSL 密钥
ssh-hostkey	SSH 服务密钥信息探测

操作步骤

使用命令“nmap --script smb-check-vulns.nse -p 445 目标”进行扫描目标系统漏洞。

```
root@Wing:~# nmap --script smb-check-vulns.nse -p445 192.168.126.128

Starting Nmap 6.40 ( http://nmap.org ) at 2014-06-12 18:22 CST
Nmap scan report for 192.168.126.128
Host is up (0.00027s latency).
PORT    STATE SERVICE
445/tcp open  microsoft-ds
MAC Address: 00:0C:29:D3:9D:B9 (VMware)

Host script results:
| smb-check-vulns:
|   MS08-067: CHECK DISABLED (add '--script-args=unsafe=1' to run)
|   Conficker: Likely CLEAN
|   regsvc DoS: CHECK DISABLED (add '--script-args=unsafe=1' to run)
|   SMBv2 DoS (CVE-2009-3103): CHECK DISABLED (add  --script-args=unsafe=1' to run)
|   MS06-025: CHECK DISABLED (add '--script-args=unsafe=1' to run)
|_  MS07-029: CHECK DISABLED (add '--script-args=unsafe=1' to run)

Nmap done: 1 IP address (1 host up) scanned in 0.25 seconds
root@Wing:~#
```

分析

通过调用 smb-check-vulns.nse 脚本可以对 SMB 漏洞进行扫描，即使不调用大型的扫描工具也可以轻易地完成这个过程。还可以使用 U:或者 T: 进行配合，这样会得到意想不到的效果。

7.10 扫描 Web 漏洞

表 7.10 所示为本章节所需 Nmap 命令表，表中加粗命令为本小节所需命令——扫描 Web

漏洞。

表 7.10　　本节所需命令

脚　本	解　释
--script ip-geolocation-*	IP 信息搜集
whois	WHOIS 查询
http-email-harvest	搜集 E-mail 信息
hostmap-ip2hosts	IP 反查
dns-brute	DNS 信息搜集
membase-http-info	检索系统信息
smb-security-mode.nse	后台打印机服务漏洞
smb-check-vulns.nse	系统漏洞扫描
http-stored-xss.nse	**扫描 Web 漏洞**
snmp-win32-services	通过 Snmp 列举 Windows 服务/账户
dns-brute	枚举 DNS 服务器的主机名
http-headers/http-sitemap-generator	HTTP 信息搜集
ssl-enum-ciphers	枚举 SSL 密钥
ssh-hostkey	SSH 服务密钥信息探测

操作步骤

使用命令“nmap -p80 --script http-stored-xss.nse 目标”即可扫描目标 Web 漏洞。

```
root@Wing:~# nmap -p80 --script http-stored-xss.nse www.XXX.com

Starting Nmap 6.40 ( http://nmap.org ) at 2014-06-12 18:17 CST

root@Wing:~# nmap -sV --script=http-sql-injection www.XXX.com

Starting Nmap 6.40 ( http://nmap.org ) at 2014-06-12 18:18 CST
Nmap scan report for 2cto
Host is up (0.027s latency).
Not shown: 999 filtered ports
PORT   STATE SERVICE VERSION
80/tcp open  http    nginx 1.4.3.6

Service detection performed. Please report any incorrect results at
http://nmap.org/submit/ .
Nmap done: 1 IP address (1 host up) scanned in 99.32 seconds
root@Wing:~#
```

分析

Nmap 下提供了很多的 Web 漏洞的检测脚本，其中，http-stored-xss.nse 脚本可以帮助我们发现网站的 XSS（跨站脚本攻击）漏洞，http-sql-injection 脚本可以帮助我们发现 SQL 注入漏洞。在 TOP 漏洞的排行里，XSS 与 SQL 近些年一直高居榜首，Nmap 的脚本可以非常轻松地完成对这两个漏洞的扫描。

7.11 通过 Snmp 列举 Windows 服务/账户

表 7.11 所示为本章节所需 Nmap 命令表，表中加粗命令为本小节所需命令——通过 Snmp 列举 Windows 服务/账户。

表 7.11　　本节所需命令

脚　本	解　释
--script ip-geolocation-*	IP 信息搜集
whois	WHOIS 查询
http-email-harvest	搜集 E-mail 信息
hostmap-ip2hosts	IP 反查
dns-brute	DNS 信息搜集
membase-http-info	检索系统信息
smb-security-mode.nse	后台打印机服务漏洞
smb-check-vulns.nse	系统漏洞扫描
http-stored-xss.nse	扫描 Web 漏洞
snmp-win32-services	**通过 Snmp 列举 Windows 服务/账户**
dns-brute	枚举 DNS 服务器的主机名
http-headers/http-sitemap-generator	HTTP 信息搜集
ssl-enum-ciphers	枚举 SSL 密钥
ssh-hostkey	SSH 服务密钥信息探测

操作步骤

使用命令“nmap -sU -p 161 --script=snmp-win32-services 目标”即可通过 Snmp 服务对目标系统的服务或账户进行列举。

```
root@Wing:~# nmap -sU -p 161 --script=snmp-win32-services 192.168.126.128
```

```
| snmp-win32-services:
|   Apache Tomcat
|   Application Experience Lookup Service
|   Application Layer Gateway Service
|   Automatic Updates
|   COM+ Event System
|   COM+ System Application
|   Computer Browser
|   Cryptographic Services
|   DB2 - DB2COPY1 - DB2
|   DB2 Management Service (DB2COPY1)
|   DB2 Remote Command Server (DB2COPY1)
|   DB2DAS - DB2DAS00
|_  DCOM Server Process Launcher

nmap -sU -p 161 --script=snmp-win32-users 192.168.126.128

| snmp-win32-users:
|   Administrator
|   Guest
|   IUSR_EDUSRV011
|   IWAM_EDUSRV011
|   SUPPORT_388945a0
|   Wing
|   SQL
|   hack
|_  patrik

Service detection performed. Please report any incorrect results at
http://nmap.org/submit/ .
Nmap done: 1 IP address (1 host up) scanned in 99.32 seconds
root@Wing:~#
```

分析

Nmap 提供的 snmp-win32-services 脚本可以轻易地通过 Snmp 服务获取目标正在运行着的服务，通过 snmp-win32-users 脚本则可以看到目标的所有账户。尤其是在 Nmap 无法从端口判断服务的时候不妨用这两个脚本对目标进行测试。

7.12 枚举 DNS 服务器的主机名

表 7.12 所示为本章节所需 Nmap 命令表，表中加粗命令为本小节所需命令——枚举 DNS 服务器的主机名。

在渗透测试时需要暴力破解出该域名下的子域名与 DNS 服务器的主机名，在 Nmap 中使用 dns-brute 脚本即可达到我们的要求。

表 7.12 本节所需命令

脚 本	解 释
--script ip-geolocation-*	IP 信息搜集
whois	WHOIS 查询
http-email-harvest	搜集 E-mail 信息
hostmap-ip2hosts	IP 反查
dns-brute	DNS 信息搜集
membase-http-info	检索系统信息
smb-security-mode.nse	后台打印机服务漏洞
smb-check-vulns.nse	系统漏洞扫描
http-stored-xss.nse	扫描 Web 漏洞
snmp-win32-services	通过 Snmp 列举 Windows 服务/账户
dns-brute	**枚举 DNS 服务器的主机名**
http-headers/http-sitemap-generator	HTTP 信息搜集
ssl-enum-ciphers	枚举 SSL 密钥
ssh-hostkey	SSH 服务密钥信息探测

操作步骤

使用命令“nmap --script dns-brute --script-args dns-brute.domain=baidu.com”即可发起对 baidu.com 子域名的枚举。

```
root@Wing:~# nmap --script dns-brute --script-args dns-brute.domain=baidu.com

Starting Nmap 6.47 ( http://nmap.org ) at 2015-06-28 16:03 CST
Pre-scan script results:
| dns-brute:
|   DNS Brute-force hostnames:
|     stats.baidu.com - 123.129.254.15
|     host.baidu.com - 123.129.254.15
|     mx.baidu.com - 61.135.163.61
|     devel.baidu.com - 221.192.153.42
|     svn.baidu.com - 10.65.211.174
|     mx0.baidu.com - 123.129.254.15
|     development.baidu.com - 123.129.254.15
|     administration.baidu.com - 221.192.153.42
|     syslog.baidu.com - 221.192.153.42
|     mx1.baidu.com - 61.135.163.61
|     devsql.baidu.com - 123.129.254.15
|     ads.baidu.com - 10.42.4.225
|     test.baidu.com - 180.76.134.214
|     mysql.baidu.com - 221.192.153.42
|     devtest.baidu.com - 123.129.254.15
```

```
|    adserver.baidu.com - 123.129.254.15
|    test1.baidu.com - 221.192.153.42
|    news.baidu.com - 61.135.185.119
|    dhcp.baidu.com - 123.129.254.15
|    alerts.baidu.com - 221.192.153.42
|    test2.baidu.com - 123.129.254.15
|    noc.baidu.com - 123.129.254.15
|    direct.baidu.com - 123.129.254.15
|    alpha.baidu.com - 123.129.254.15
|    ns.baidu.com - 123.129.254.15
|    dmz.baidu.com - 123.129.254.15
|    testing.baidu.com - 123.125.65.117
|    testing.baidu.com - 123.125.112.68
|    ap.baidu.com - 221.192.153.42
|    ns0.baidu.com - 123.129.254.15
|    dns.baidu.com - 202.108.22.220
|    upload.baidu.com - 123.129.254.15
|    http.baidu.com - 221.192.153.42
|    apache.baidu.com - 123.129.254.15
|    dns0.baidu.com - 123.129.254.15
|    ns1.baidu.com - 202.108.22.220
|    id.baidu.com - 106.120.159.12
|    app.baidu.com - 123.125.112.120
|    app.baidu.com - 61.135.185.124
|    dns1.baidu.com - 220.181.38.10
|    vnc.baidu.com - 221.192.153.42
|    ns2.baidu.com - 61.135.165.235
|    images.baidu.com - 112.80.248.122
|    apps.baidu.com - 123.125.115.49
|    voip.baidu.com - 111.206.45.40
|    ns3.baidu.com - 220.181.37.10
|    dns2.baidu.com - 123.129.254.15
|    info.baidu.com - 123.125.114.22
|    appserver.baidu.com - 123.129.254.15
|    vpn.baidu.com - 61.135.165.126
|    ntp.baidu.com - 10.48.28.94
|    aptest.baidu.com - 123.129.254.15
|    web.baidu.com - 10.48.30.87
|    ops.baidu.com - 123.125.114.197
|    internet.baidu.com - 61.135.185.119
|    en.baidu.com - 123.129.254.15
|    web2test.baidu.com - 221.192.153.42
|    oracle.baidu.com - 123.129.254.15
|    intra.baidu.com - 123.129.254.15
|    erp.baidu.com - 10.42.7.18
|    backup.baidu.com - 123.129.254.15
|    whois.baidu.com - 221.192.153.42
|    owa.baidu.com - 123.129.254.15
|    intranet.baidu.com - 123.129.254.15
|    beta.baidu.com - 123.129.254.15
```

```
|     wiki.baidu.com - 10.42.7.70
|     pbx.baidu.com - 123.129.254.15
|     blog.baidu.com - 123.129.254.15
|     ipv6.baidu.com - 220.181.57.216
|     ipv6.baidu.com - 123.125.114.144
|     ipv6.baidu.com - 220.181.57.217
|     www.baidu.com - 61.135.169.121
|     www.baidu.com - 61.135.169.125
|     s3.baidu.com - 123.125.115.180
|     ipv6.baidu.com - 2400:da00:0:0:0:dbf:0:100
|     cdn.baidu.com - 10.42.231.41
|     lab.baidu.com - 61.135.185.144
|     lab.baidu.com - 123.125.112.77
|     www2.baidu.com - 123.125.114.29
|     secure.baidu.com - 123.129.254.15
|     chat.baidu.com - 123.129.254.15
|     ldap.baidu.com - 123.129.254.15
|     xml.baidu.com - 221.192.153.42
|     server.baidu.com - 221.192.153.42
|     citrix.baidu.com - 123.129.254.15
|     linux.baidu.com - 10.99.31.43
|     shop.baidu.com - 123.125.112.68
|     shop.baidu.com - 123.125.65.117
|     cms.baidu.com - 10.26.7.93
|     local.baidu.com - 123.125.115.105
|     sip.baidu.com - 61.135.165.108
|     corp.baidu.com - 123.129.254.15
|     log.baidu.com - 10.26.39.14
|     eshop.baidu.com - 123.129.254.15
|     smtp.baidu.com - 221.192.153.42
|     crs.baidu.com - 123.125.114.59
|     mail.baidu.com - 61.135.163.38
|     exchange.baidu.com - 123.129.254.15
|     sql.baidu.com - 10.26.5.23
|     cvs.baidu.com - 123.129.254.15
|     mail2.baidu.com - 123.129.254.15
|     f5.baidu.com - 123.129.254.15
|     database.baidu.com - 123.129.254.15
|     mail3.baidu.com - 202.108.22.171
|     fileserver.baidu.com - 221.192.153.42
|     db.baidu.com - 61.135.186.206
|     mailgate.baidu.com - 123.129.254.15
|     firewall.baidu.com - 221.192.153.42
|     main.baidu.com - 123.129.254.15
|     squid.baidu.com - 221.192.153.42
|     dev.baidu.com - 61.135.185.212
|     forum.baidu.com - 123.129.254.15
|     manage.baidu.com - 123.129.254.15
|     ssh.baidu.com - 123.129.254.15
|     ftp.baidu.com - 221.192.153.42
```

```
|     mgmt.baidu.com - 123.129.254.15
|     ssl.baidu.com - 10.42.7.217
|     ftp0.baidu.com - 123.129.254.15
|     mirror.baidu.com - 10.11.250.228
|     git.baidu.com - 10.42.4.104
|     stage.baidu.com - 123.129.254.15
|     mobile.baidu.com - 123.125.112.120
|     mobile.baidu.com - 61.135.185.124
|     gw.baidu.com - 123.129.254.15
|     help.baidu.com - 123.125.112.108
|     helpdesk.baidu.com - 123.129.254.15
|     home.baidu.com - 123.125.114.197
|     monitor.baidu.com - 10.94.25.52
|     mssql.baidu.com - 123.129.254.15
|_    mta.baidu.com - 123.129.254.15
WARNING: No targets were specified, so 0 hosts scanned.
Nmap done: 0 IP addresses (0 hosts up) scanned in 9.61 seconds
root@Wing:~#
```

分析

从以上输出的结果可以得知，所有有关的子域名及服务器都被 dns-brute 脚本枚举出来。该脚本可以使用“dns-brute.threads=线程”指定线程来加快或减少破解速度，使用 dns-brute.hostlist=./hostfile.txt 指定一个需要枚举的列表。

7.13 HTTP 信息搜集

表 7.13 所示为本章节所需 Nmap 命令表，表中加粗命令为本小节所需命令——HTTP 信息搜集。

表 7.13　　本节所需命令

脚　本	解　释
--script ip-geolocation-*	IP 信息搜集
whois	WHOIS 查询
http-email-harvest	搜集 E-mail 信息
hostmap-ip2hosts	IP 反查
dns-brute	DNS 信息搜集
membase-http-info	检索系统信息
smb-security-mode.nse	后台打印机服务漏洞
smb-check-vulns.nse	系统漏洞扫描

续表

脚　本	解　释
http-stored-xss.nse	扫描 Web 漏洞
snmp-win32-services	通过 Snmp 列举 Windows 服务/账户
dns-brute	枚举 DNS 服务器的主机名
http-headers/http-sitemap-generator	**HTTP 信息搜集**
ssl-enum-ciphers	枚举 SSL 密钥
ssh-hostkey	SSH 服务密钥信息探测

HTTP 版本探测

使用 Nmap 可以扫描 HTTP 的版本，从而得知当前版本的漏洞，例如，Apache、IIS7、Nginx 的畸形漏洞在相应的低版本中都会存在，使用 Nmap 可以非常简单地发现这些漏洞。

操作步骤

使用-sV 选项即可对 HTTP 版本进行探测。

```
root@Wing:~# nmap -sV -p 80 0day

Starting Nmap 6.47 ( http://nmap.org ) at 2015-06-28 16:18 CST
Nmap scan report for 0day
Host is up (0.0065s latency).
PORT   STATE SERVICE VERSION
80/tcp open  http    ASERVER/1.2.9-3

Service detection performed. Please report any incorrect results at http://nmap.org/submit/ .
Nmap done: 1 IP address (1 host up) scanned in 13.62 seconds
root@Wing:~#
```

分析

从输出的信息得知 HTTP 版本为 ASERVER/1.2.9-3。

HTTP 头信息探测

HTTP 头是 HTTP 通信协议规定的请求和响应消息都支持的头域内容。

操作步骤

使用命令“nmap -p 80 --script=http-headers 目标地址”即可对目标地址进行 HTTP 头信息探测。

```
root@Wing:~# nmap -p 80 --script=http-headers baidu.com

Starting Nmap 6.47 ( http://nmap.org ) at 2015-06-28 16:23 CST
Nmap scan report for baidu.com (180.149.132.47)
Host is up (0.031s latency).
Other addresses for baidu.com (not scanned): 220.181.57.217 123.125.114.144
PORT   STATE SERVICE
80/tcp open  http
| http-headers:
|   Date: Sun, 28 Jun 2015 08:23:50 GMT
|   Server: Apache
|   Cache-Control: max-age=86400
|   Expires: Mon, 29 Jun 2015 08:23:50 GMT
|   Last-Modified: Tue, 12 Jan 2010 13:48:00 GMT
|   ETag: "51-4b4c7d90"
|   Accept-Ranges: bytes
|   Content-Length: 81
|   Connection: Close
|   Content-Type: text/html
|
|_  (Request type: HEAD)

Nmap done: 1 IP address (1 host up) scanned in 0.59 seconds
root@Wing:~#
```

分析

从以上输出的结果可以得知服务器时间为 Sun, 28 Jun 2015 08:23:50 GMT，服务器 HTTP 程序为 Apache、接受范围、内容长度、连接状态，内容类型为 text/html。

HTTP 目录结构探测

掌握目标网站的目录结构是信息搜集中尤为重要的一步，通过 Nmap 的 http-sitemap-generator 脚本可以快速获取到信息。

操作步骤

使用命令“nmap -p 80 --script=http-sitemap-generator 目标地址”即可爬行 Web 目录结构。

```
root@Wing:~# nmap -p 80 --script=http-sitemap-generator www.baidu.com

Starting Nmap 6.47 ( http://nmap.org ) at 2015-06-28 16:28 CST
Nmap scan report for www.baidu.com (61.135.169.125)
Host is up (0.0031s latency).
Other addresses for www.baidu.com (not scanned): 61.135.169.121
PORT   STATE SERVICE
80/tcp open  http
| http-sitemap-generator:
```

```
|   Directory structure:
|     /
|       Other: 3; ico: 1
|     /cache/sethelp/
|       Other: 1; html: 1
|     /cache/sethelp/img/
|       png: 3
|     /duty/
|       Other: 1
|     /gaoji/
|       html: 1
|     /img/
|       gif: 1; png: 1; svg: 1
|     /js/
|       js: 1
|     /more/
|       Other: 1
|     /search/
|       html: 1
|   Longest directory structure:
|     Depth: 3
|     Dir: /cache/sethelp/img/
|   Total files found (by extension):
|_    Other: 6; gif: 1; html: 3; ico: 1; js: 1; png: 4; svg: 1

Nmap done: 1 IP address (1 host up) scanned in 1.89 seconds
root@Wing:~#
```

分析

从以上输出的结果可以得知网站的目录结构，可以看到目录下包含的文件有多，Nmap 对其都有很详细的统计。

7.14 枚举 SSL 密钥

表 7.14 所示为本章节所需 Nmap 命令表，表中加粗命令为本小节所需命令——枚举 SSL 密钥。

表 7.14 本节所需命令

脚　本	解　释
--script ip-geolocation-*	IP 信息搜集
whois	WHOIS 查询
http-email-harvest	搜集 E-mail 信息

续表

脚　　本	解　　释
hostmap-ip2hosts	IP 反查
dns-brute	DNS 信息搜集
membase-http-info	检索系统信息
smb-security-mode.nse	后台打印机服务漏洞
smb-check-vulns.nse	系统漏洞扫描
http-stored-xss.nse	扫描 Web 漏洞
snmp-win32-services	通过 Snmp 列举 Windows 服务/账户
dns-brute	枚举 DNS 服务器的主机名
http-headers/http-sitemap-generator	HTTP 信息搜集
ssl-enum-ciphers	**枚举 SSL 密钥**
ssh-hostkey	SSH 服务密钥信息探测

SSL（Secure Sockets Layer，安全套接层）及其继任者传输层安全（Transport Layer Security，TLS）是为网络通信提供安全及数据完整性的一种安全协议。TLS 与 SSL 在传输层对网络连接进行加密。

SSL 协议使用密钥对数据进行加密，这样可以最大程度保障数据的安全，通过发送 SSLv3/TLS 请求可以判断目标服务器支持的密钥算法和压缩方法。

操作步骤

使用命令“nmap -p 443 --script=ssl-enum-ciphers 目标”即可枚举 SSL 密钥。

```
root@Wing:~# nmap -p 443 --script=ssl-enum-ciphers www.baidu.com

Starting Nmap 6.47 ( http://nmap.org ) at 2015-06-28 16:43 CST
Nmap scan report for www.baidu.com (61.135.169.121)
Host is up (0.0034s latency).
Other addresses for www.baidu.com (not scanned): 61.135.169.125
PORT    STATE SERVICE
443/tcp open  https
| ssl-enum-ciphers:
|   SSLv3:
|     ciphers:
|       TLS_RSA_WITH_AES_128_CBC_SHA - strong
|       TLS_RSA_WITH_AES_256_CBC_SHA - strong
|       TLS_RSA_WITH_RC4_128_SHA - strong
|     compressors:
|       NULL
|   TLSv1.0:
```

```
|     ciphers:
|       TLS_ECDHE_RSA_WITH_AES_128_CBC_SHA - strong
|       TLS_ECDHE_RSA_WITH_AES_256_CBC_SHA - strong
|       TLS_ECDHE_RSA_WITH_RC4_128_SHA - strong
|       TLS_RSA_WITH_AES_128_CBC_SHA - strong
|       TLS_RSA_WITH_AES_256_CBC_SHA - strong
|       TLS_RSA_WITH_RC4_128_SHA - strong
|     compressors:
|       NULL
|   TLSv1.1:
|     ciphers:
|       TLS_ECDHE_RSA_WITH_AES_128_CBC_SHA - strong
|       TLS_ECDHE_RSA_WITH_AES_256_CBC_SHA - strong
|       TLS_ECDHE_RSA_WITH_RC4_128_SHA - strong
|       TLS_RSA_WITH_AES_128_CBC_SHA - strong
|       TLS_RSA_WITH_AES_256_CBC_SHA - strong
|       TLS_RSA_WITH_RC4_128_SHA - strong
|     compressors:
|       NULL
|   TLSv1.2:
|     ciphers:
|       TLS_ECDHE_RSA_WITH_AES_128_CBC_SHA - strong
|       TLS_ECDHE_RSA_WITH_AES_128_CBC_SHA256 - strong
|       TLS_ECDHE_RSA_WITH_AES_128_GCM_SHA256 - strong
|       TLS_ECDHE_RSA_WITH_AES_256_CBC_SHA - strong
|       TLS_ECDHE_RSA_WITH_AES_256_CBC_SHA384 - strong
|       TLS_ECDHE_RSA_WITH_AES_256_GCM_SHA384 - strong
|       TLS_ECDHE_RSA_WITH_RC4_128_SHA - strong
|       TLS_RSA_WITH_AES_128_CBC_SHA - strong
|       TLS_RSA_WITH_AES_128_CBC_SHA256 - strong
|       TLS_RSA_WITH_AES_128_GCM_SHA256 - strong
|       TLS_RSA_WITH_AES_256_CBC_SHA - strong
|       TLS_RSA_WITH_AES_256_CBC_SHA256 - strong
|       TLS_RSA_WITH_AES_256_GCM_SHA384 - strong
|       TLS_RSA_WITH_RC4_128_SHA - strong
|     compressors:
|       NULL
|_  least strength: strong

Nmap done: 1 IP address (1 host up) scanned in 1.38 seconds
root@Wing:~#
```

分析

从以上输出的结果中可以得知百度支持的密钥算法。其中，SSLv3 版本中的密钥算法有：TLS_RSA_WITH_AES_128_CBC_SHA - strong、TLS_RSA_WITH_AES_256_CBC_SHA - strong、TLS_RSA_WITH_RC4_128_SHA - strong。

7.15 SSH 服务密钥信息探测

表 7.15 所示为本章节所需 Nmap 命令表，表中加粗命令为本小节所需命令——SSH 服务密钥信息探测。

表 7.15 本节所需命令

脚 本	解 释
--script ip-geolocation-*	IP 信息搜集
whois	WHOIS 查询
http-email-harvest	搜集 E-mail 信息
hostmap-ip2hosts	IP 反查
dns-brute	DNS 信息搜集
membase-http-info	检索系统信息
smb-security-mode.nse	后台打印机服务漏洞
smb-check-vulns.nse	系统漏洞扫描
http-stored-xss.nse	扫描 Web 漏洞
snmp-win32-services	通过 Snmp 列举 Windows 服务/账户
dns-brute	枚举 DNS 服务器的主机名
http-headers/http-sitemap-generator	HTTP 信息搜集
ssl-enum-ciphers	枚举 SSL 密钥
ssh-hostkey	**SSH 服务密钥信息探测**

SSH 是英文 Secure Shell 的简写形式。通过使用 SSH，可以把所有传输的数据进行加密，这样“中间人”这种攻击方式就不可能实现了，而且也能够防止 DNS 欺骗和 IP 欺骗。使用 SSH，还有一个额外的好处就是传输的数据是经过压缩的，所以可以加快传输的速度。SSH 有很多功能，它既可以代替 Telnet，又可以为 FTP、POP，甚至为 PPP 提供一个安全的“通道”。

SSH 协议是通过密钥的方式把所有传输的数据进行加密从而保证数据的安全，在 Nmap 脚本中，ssh-hostkey 可以查看 SSH 服务的密钥信息。

操作步骤

使用命令：

```
root@Wing:~# nmap -p 22 --script ssh-hostkey --script-args ssh_hostkey=full 127.0.0.1
```

```
Starting Nmap 6.47 ( http://nmap.org ) at 2015-06-28 16:54 CST
Nmap scan report for localhost (127.0.0.1)
Host is up (-2000s latency).
PORT   STATE SERVICE
22/tcp open  ssh
| ssh-hostkey:
|   ssh-dss AAAAB3NzaC1kc3MAAACBANaDh41IQb9ZDrAbyoteJ35K5km2+HBNgdIcRchq8B2nwJpb2U4LYI
fQckxwCrR5/KnPbH3qjrtBPFJEAkNVt45fihpr0u2dAauBXmhvI52ik94Tv3IBWngqeNd8bGDN/hGSbTwYHZ+
VeeoEs2AvB6TZTwSN6eSJGEGb+XyKj9EhAAAAFQCBJ5KKNO7sx6AspWvgUCxRzxNfFwAAAIAZtaRgXfrkOjJ2
2k8ab4Jzo8fjqbSNOSnHcTL+KUM5ZwJqa3ZoBJ9eJH9GMbon+JZq9K6OG7/sYYlSjyTOKHQOh4aMtTmg9gLku
XS/c5//sYILKCojQx1FSsBGP+w0qdlYEtp3K8EC6ugl0+i6X8aVyPXeFYK1aGvWovOlhVS35AAAAIAvaYGAw4
nxk2fRNoq6RVdufAXg7CtSxvOKxge15BtTb2KSmdOV2gC+XIOF5305Ii0jgUWpeG3adhl+BAzXJGrqyEJ+pNC
TkEzBpbfufra17xoDWv9e17lHwlVyq3tXdR4485QOThGruH/Av49LBDd5vlC9ubzlsRWGKqRZi8iVPQ==
|   ssh-rsa AAAAB3NzaC1yc2EAAAADAQABAAABAQCoSVYjeN/KGlhD8YnHvVPC5NoA/Kc5bR9o59jpdDYhl
E/LydODrz1Er928t0zxPIUAIA79nQqRYnSPMX6rslc/+POi1an+c/aVqIZwnqnAoB1doztCE8gTh+6D8JlTav
vJmAmH0acanwlFJum2/LA3925EmXBoWz0MGgXj71K5u8fpH3EI3DSqlT4S4PiyKLcJ8fZrt3bEmSfSDF2aXA7
12UddrMxvfAM632c7//3zNS0JTgFWlf9gjqBBWPm5PYAiuldC5WitEWylq/CJ5fySTdB/uPUHH7lVw8MF8ax4
lsCsBrd62Yr33Zw0LnjZN9pSDrbxaQJIyFdwI2ndl/Vx
|_  ecdsa-sha2-nistp256 AAAAE2VjZHNhLXNoYTItbmlzdHAyNTYAAAAIbmlzdHAyNTYAAABBBMHxS5qBA
7hSQOOSRyXz5nXYpLZaTWtZcFeDbcvDPut+FZgJ2Dmy0k6IluVgF0YX9cfawoILIWgWpyP8feH9QC0=

Nmap done: 1 IP address (1 host up) scanned in 0.15 seconds
root@Wing:~#
```

分析

从以上返回的结果得知，目标主机包含 ssh-dss、ssh-rsa、ecdsa-sha2-nistp256 3 种加密方式。命令中的参数 ssh_hostkey 指的是密钥输出的格式，有 4 种格式，分别是 full、bubble、visual 和 all。

第 8 章　数据库渗透测试

本章知识点

- MySQL 列举数据库
- 列举 MySQL 变量
- 检查 MySQL 密码
- 审计 MySQL 密码
- 审计 MySQL 安全配置
- 审计 Oracle 密码
- 审计 msSQL 密码
- 检查 msSQL 密码
- 读取 msSQL 数据
- msSQL 执行系统命令
- 审计 PgSQL 密码

本章节将介绍 Nmap 脚本在数据库渗透方面的应用，Nmap 脚本基本会涉及各个方面的应用，其对数据库的支持也是自然不会少的。通过本章学习，读者可以了解 Nmap 对数据库安全的作用。

本章脚本

表 8.1 所示为本章节所需 Nmap 命令表，为方便读者查阅，笔者特此整理。

表 8.1　本章所需脚本选项（名称）

脚　本	解　释
mysql-databases	MySQL 列举数据库
mysql-variables	列举 MySQL 变量

续表

脚　　本	解　　释
mysql-empty-password	检查 MySQL 密码
mysql-brute	审计 MySQL 密码
mysql-audit	审计 MySQL 安全配置
oracle-brute	审计 Oracle 密码
ms-sql-brute	审计 msSQL 密码
ms-sql-empty-password	检查 msSQL 空密码
ms-sql-tables	读取 msSQL 数据
ms-sql-xp-cmdshell	msSQL 执行系统命令
pgsql-brute	审计 PgSQL 密码

8.1 MySQL 列举数据库

表 8.2 所示为本章节所需 Nmap 命令表，表中加粗命令为本小节所需命令——MySQL 列举数据库。

表 8.2　　本节所需命令

脚　　本	解　　释
mysql-databases	**MySQL 列举数据库**
mysql-variables	列举 MySQL 变量
mysql-empty-password	检查 MySQL 密码
mysql-brute	审计 MySQL 密码
mysql-audit	审计 MySQL 安全配置
oracle-brute	审计 Oracle 密码
ms-sql-brute	审计 msSQL 密码
ms-sql-empty-password	检查 msSQL 空密码
ms-sql-tables	读取 msSQL 数据
ms-sql-xp-cmdshell	msSQL 执行系统命令
pgsql-brute	审计 PgSQL 密码

操作步骤

使用命令“nmap -p3306 --script mysql-databases --script-args mysqluser=root,mysqlpass 目标”进行 MySQL 数据库的列举工作。

```
root@Wing:~# nmap -p3306 --script mysql-databases --script-args mysqluser=root,mysqlpass
192.168.84.1

Starting Nmap 6.40 ( http://nmap.org ) at 2014-06-12 20:20 CST
Nmap scan report for 192.168.84.1
Host is up (0.0016s latency).
PORT     STATE SERVICE
3306/tcp open  mysql
| mysql
| test
| cmcc
|_ information_schema

Nmap done: 1 IP address (1 host up) scanned in 0.07 seconds
root@Wing:~#
```

分析

如果我们已知目标 MySQL 的账号和密码，就可以轻易地夺取目标 MySQL 的所有数据库。如果目标数据库段端口更改了，我们也需要使用-p 参数指定相应的数据库端口，使用 mysqluser 指定目标数据库账号，mysqlpass 指定目标数据库密码，如果密码为空则不需填写任何东西，最后指向目标 IP 地址。

```
root@Wing:~# nmap -p3310 --script mysql-databases --script-args mysqluser=root,mysqlpass
192.168.84.1

Starting Nmap 6.40 ( http://nmap.org ) at 2014-06-12 20:32 CST
Nmap scan report for 192.168.84.1
Host is up (0.0017s latency).
PORT     STATE SERVICE
3310/tcp open  dyna-access
| mysql
| test
| cmcc
|_ information_schema

Nmap done: 1 IP address (1 host up) scanned in 0.09 seconds
root@Wing:~#
```

从以上结果来看，目标 MySQL 存在 4 个库，分别是 mysql、test、cmcc、information_schema。我们也可以直接连接到目标数据库进行查看，但是这需要具备相应的环境才可以，直接使用 Nmap 的脚本是相当方便的，这不是 Nmap 独有的脚本，在 Metasploit 中也有相应的模块可以查看数据库。

在 Nmap 输入多行数据的时候，不需要用回车进行换行，Nmap 会自动将多行数据进行换行处理。

8.2 列举 MySQL 变量

表 8.3 所示为本章节所需 Nmap 命令表，表中加粗命令为本小节所需命令——列举 MySQL 变量。

表 8.3 本节所需命令

脚 本	解 释
mysql-databases	MySQL 列举数据库
mysql-variables	**列举 MySQL 变量**
mysql-empty-password	检查 MySQL 密码
mysql-brute	审计 MySQL 密码
mysql-audit	审计 MySQL 安全配置
oracle-brute	审计 Oracle 密码
ms-sql-brute	审计 msSQL 密码
ms-sql-empty-password	检查 msSQL 空密码
ms-sql-tables	读取 msSQL 数据
ms-sql-xp-cmdshell	msSQL 执行系统命令
pgsql-brute	审计 PgSQL 密码

操作步骤

使用命令“nmap -p3306 --script=mysql-variables 目标”即可列举目标 MySQL 变量。

```
root@Wing:~# nmap -p3306 --script=mysql-variables 192.168.84.1

Starting Nmap 6.40 ( http://nmap.org ) at 2014-06-12 20:39 CST
Nmap scan report for 192.168.84.1
Host is up (0.0016s latency).
PORT     STATE SERVICE
3306/tcp open  mysql
| mysql-variables:
|   auto_increment_increment: 1
|   auto_increment_offset: 1
|   automatic_sp_privileges: ON
```

```
|   back_log: 50
|   basedir: /usr/
|   binlog_cache_size: 32768
|   bulk_insert_buffer_size: 8388608
|   character_set_client: latin1
|   character_set_connection: latin1
|   character_set_database: latin1
|   .
|   .
|   .
|   version_comment: (Debian)
|   version_compile_machine: powerpc
|   version_compile_os: debian-linux-gnu
|_  wait_timeout: 28800

Nmap done: 1 IP address (1 host up) scanned in 0.08 seconds
root@Wing:~#
```

分析

使用 mysql-variables 脚本可以轻易查询到 MySQL 数据库所有的变量。如果目标端口改变了则需要使用-p 指定相应的端口。

```
root@Wing:~# nmap -p3310 --script=mysql-variables 192.168.84.1

Starting Nmap 6.40 ( http://nmap.org ) at 2014-06-12 20:41 CST
Nmap scan report for 192.168.84.1
Host is up (0.0016s latency).
PORT     STATE SERVICE
3310/tcp open  mysql
| mysql-variables:
|   auto_increment_increment: 1
|   auto_increment_offset: 1
|   automatic_sp_privileges: ON
|   back_log: 50
|   basedir: /usr/
|   binlog_cache_size: 32768
|   bulk_insert_buffer_size: 8388608
|   character_set_client: latin1
|   character_set_connection: latin1
|   character_set_database: latin1
|   .
|   .
|   .
|   version_comment: (Debian)
|   version_compile_machine: powerpc
|   version_compile_os: debian-linux-gnu
|_  wait_timeout: 28800
```

```
Nmap done: 1 IP address (1 host up) scanned in 0.09 seconds
root@Wing:~#
```

如果仍无法确定可以使用-sV 扫描端口。

```
root@Wing:~# nmap -sV --script=mysql-variables 192.168.84.1

Starting Nmap 6.40 ( http://nmap.org ) at 2014-06-12 20:42 CST
Nmap scan report for 192.168.84.1
Host is up (1.0s latency).
Not shown: 979 closed ports
PORT      STATE    SERVICE           VERSION
80/tcp    open     http              Apache httpd 2.2.9 ((APMServ) mod_ssl/2.2.9 OpenSSL/
0.9.8h PHP/5.2.6)
135/tcp   open     msrpc             Microsoft Windows RPC
139/tcp   open     netbios-ssn
443/tcp   open     ssl/http          Apache httpd 2.2.9 ((APMServ)mod_ssl/2.2.9 OpenSSL/
0.9.8h PHP/5.2.6)
445/tcp   open     netbios-ssn
514/tcp   filtered shell
843/tcp   open     unknown
902/tcp   open     ssl/vmware-auth   VMware Authentication Daemon 1.10 (Uses VNC, SOAP)
912/tcp   open     vmware-auth      VMware Authentication Daemon 1.0 (Uses VNC, SOAP)
1025/tcp  open     msrpc          Microsoft Windows RPC
1026/tcp  open     msrpc          Microsoft Windows RPC
1027/tcp  open     msrpc          Microsoft Windows RPC
1029/tcp  open     msrpc          Microsoft Windows RPC
1037/tcp  open     msrpc          Microsoft Windows RPC
1038/tcp  open     msrpc          Microsoft Windows RPC
1169/tcp  open     tripwire?
3306/tcp  open     mysql          MySQL (unauthorized)
5678/tcp  open     rrac?
7000/tcp  open     afs3-fileserver?
8000/tcp  open     tcpwrapped
10000/tcp open     snet-sensor-mgmt?
| mysql-variables:
|   auto_increment_increment: 1
|   auto_increment_offset: 1
|   automatic_sp_privileges: ON
|   back_log: 50
|   basedir: /usr/
|   binlog_cache_size: 32768
|   bulk_insert_buffer_size: 8388608
|   character_set_client: latin1
|   character_set_connection: latin1
|   character_set_database: latin1
|   .
|   .
|   .
|   version_comment: (Debian)
```

```
|   version_compile_machine: powerpc
|   version_compile_os: debian-linux-gnu
|_  wait_timeout: 28800

Service detection performed. Please report any incorrect results at http://nmap.org/
submit/ .
Nmap done: 1 IP address (1 host up) scanned in 298.43 seconds
root@Wing:~#
```

如果使用-sV 则需要花费较长的时间。

若需要设定目标的账号密码，需要加入 mysql-brute 或者 mysql-empty-password 选项指定账号密码。

8.3 检查 MySQL 密码

表 8.4 所示为本章节所需 Nmap 命令表，表中加粗命令为本小节所需命令——检查 MySQL 密码。

表 8.4　　本节所需命令

脚　本	解　释
mysql-databases	MySQL 列举数据库
mysql-variables	列举 MySQL 变量
mysql-empty-password	**检查 MySQL 密码**
mysql-brute	审计 MySQL 密码
mysql-audit	审计 MySQL 安全配置
oracle-brute	审计 Oracle 密码
ms-sql-brute	审计 msSQL 密码
ms-sql-empty-password	检查 msSQL 空密码
ms-sql-tables	读取 msSQL 数据
ms-sql-xp-cmdshell	msSQL 执行系统命令
pgsql-brute	审计 PgSQL 密码

操作步骤

使用命令“nmap -p3306 --script=mysql-empty-password 目标”即可检查目标 MySQL 服务的密码。

```
root@Wing:~# nmap -p3306 --script=mysql-empty-password 192.168.84.1
```

```
Starting Nmap 6.40 ( http://nmap.org ) at 2014-06-12 20:46 CST
Nmap scan report for 192.168.84.1
Host is up (0.0017s latency).
PORT     STATE SERVICE
3306/tcp open  mysql
| mysql-empty-password:
|   anonymous account has empty password
|_  root account has empty password

Nmap done: 1 IP address (1 host up) scanned in 0.11 seconds
root@Wing:~#
```

分析

该脚本用于检查 MySQL 是否是空密码，或者密码是否为 root，或允许匿名登录，是一个 MySQL 安全性的检查脚本，根据以上返回的结果可以得知目标 MySQL 数据库的密码为空，是可以任意进行登录并且没有限制的。

如果您无法确定目标开放的端口号，可以用-sV 选项进行扫描。

```
root@Wing:~# nmap -sV --script=mysql-empty-password 192.168.84.1

Starting Nmap 6.40 ( http://nmap.org ) at 2014-06-12 20:53 CST
Nmap scan report for 192.168.84.1
Host is up (1.0s latency).
Not shown: 979 closed ports
PORT      STATE    SERVICE          VERSION
80/tcp    open     http             Apache httpd 2.2.9 ((APMServ) mod_ssl/2.2.9 OpenSSL/
0.9.8h PHP/5.2.6)
135/tcp   open     msrpc            Microsoft Windows RPC
139/tcp   open     netbios-ssn
443/tcp   open     ssl/http         Apache httpd 2.2.9 ((APMServ) mod_ssl/2.2.9 OpenSSL/
0.9.8h PHP/5.2.6)
445/tcp   open     netbios-ssn
514/tcp   filtered shell
843/tcp   open     unknown
902/tcp   open     ssl/vmware-auth  VMware Authentication Daemon 1.10 (Uses VNC, SOAP)
912/tcp   open     vmware-auth      VMware Authentication Daemon 1.0 (Uses VNC, SOAP)
1025/tcp  open     msrpc          Microsoft Windows RPC
1026/tcp  open     msrpc          Microsoft Windows RPC
1027/tcp  open     msrpc          Microsoft Windows RPC
1029/tcp  open     msrpc          Microsoft Windows RPC
1037/tcp  open     msrpc          Microsoft Windows RPC
1038/tcp  open     msrpc          Microsoft Windows RPC
1169/tcp  open     tripwire?
3306/tcp  open     mysql          MySQL (unauthorized)
|_mysql-empty-password: Host 'pgos' is not allowed to connect to this MySQL server
5678/tcp  open     rrac?
```

```
7000/tcp  open    afs3-fileserver?
8000/tcp  open    tcpwrapped
10000/tcp open    snet-sensor-mgmt?
| mysql-empty-password:
|   anonymous account has empty password
|_  root account has empty password

Service detection performed. Please report any incorrect results at
http://nmap.org/submit/ .
Nmap done: 1 IP address (1 host up) scanned in 296.45 seconds
root@Wing:~#
```

如果知道端口号，可以使用-p 选项指定。

> 一般情况下，我们会使用-F,-T4 等选项快速地扫描目标端口，而不是直接使用-sV 选项，直接使用-sV 选项会跨越了信息搜集这一步。

8.4 审计 MySQL 密码

表 8.5 所示为本章节所需 Nmap 命令表，表中加粗命令为本小节所需命令——审计 MySQL 密码。

表 8.5　本节所需命令

脚　本	解　释
mysql-databases	MySQL 列举数据库
mysql-variables	列举 MySQL 变量
mysql-empty-password	检查 MySQL 密码
mysql-brute	**审计 MySQL 密码**
mysql-audit	审计 MySQL 安全配置
oracle-brute	审计 Oracle 密码
ms-sql-brute	审计 msSQL 密码
ms-sql-empty-password	检查 msSQL 空密码
ms-sql-tables	读取 msSQL 数据
ms-sql-xp-cmdshell	msSQL 执行系统命令
pgsql-brute	审计 PgSQL 密码

操作步骤

使用命令“nmap --script=mysql-brute 目标”即可审计目标 MySQL 密码。

```
root@Wing:~# nmap --script=mysql-brute 192.168.84.1

Starting Nmap 6.40 ( http://nmap.org ) at 2014-06-12 20:59 CST
Nmap scan report for 192.168.84.1
Host is up (1.0s latency).
Not shown: 979 closed ports
PORT      STATE    SERVICE
80/tcp    open     http
135/tcp   open     msrpc
139/tcp   open     netbios-ssn
443/tcp   open     https
445/tcp   open     microsoft-ds
514/tcp   filtered shell
843/tcp   open     unknown
902/tcp   open     iss-realsecure
912/tcp   open     apex-mesh
1025/tcp  open     NFS-or-IIS
1026/tcp  open     LSA-or-nterm
1027/tcp  open     IIS
1029/tcp  open     ms-lsa
1037/tcp  open     ams
1038/tcp  open     mtqp
1169/tcp  open     tripwire
3306/tcp  open     mysql
| mysql-brute:
|   Accounts
|     root:root - Valid credentials

5678/tcp  open     rrac
7000/tcp  open     afs3-fileserver
8000/tcp  open     http-alt
10000/tcp open     snet-sensor-mgmt

Nmap done: 1 IP address (1 host up) scanned in 271.00 seconds
root@Wing:~#
```

分析

该脚本用于 MySQL 弱口令，默认 Nmap 会扫描全部的端口用于查找 MySQL 端口，但是我们可以使用-p 选项指定一个端口，也可以自定义账号密码字典。

```
root@linux:/usr/share/nmap/scripts# nmap -p 3306 --script=mysql-brute userdb=/root/
passdb.txt passdb=/root/pass.txt 192.168.0.110
```

```
Starting Nmap 6.25 ( http://nmap.org ) at 2014-06-12 21:50 CST

Illegal netmask value, must be /0 - /32 .  Assuming /32 (one host)

Failed to resolve given hostname/IP: userdb=.  Note that you can't use '/mask' AND
'1-4,7,100-' style IP ranges. If the machine only has an IPv6 address, add the Nmap -6
flag to scan that.



…省略…



3306/tcp open  mysql

| mysql-brute:

|   Accounts

|     root:root - Valid credentials

Nmap done: 1 IP address (1 host up) scanned in 163.77 seconds
```

8.5 审计 MySQL 安全配置

表 8.6 所示为本章节所需 Nmap 命令表，表中加粗命令为本小节所需命令——审计 MySQL 安全配置。

表 8.6　　本节所需命令

脚　本	解　释
mysql-databases	MySQL 列举数据库
mysql-variables	列举 MySQL 变量
mysql-empty-password	检查 MySQL 密码
mysql-brute	审计 MySQL 密码
mysql-audit	**审计 MySQL 安全配置**
oracle-brute	审计 Oracle 密码
ms-sql-brute	审计 msSQL 密码
ms-sql-empty-password	检查 msSQL 空密码
ms-sql-tables	读取 msSQL 数据
ms-sql-xp-cmdshell	msSQL 执行系统命令
pgsql-brute	审计 PgSQL 密码

操作步骤

使用命令“nmap -p 3306 --script mysql-audit --script-args "mysql-audit.username='root', \ mysql- audit.password='',mysql-audit.filename='nselib/data/mysql-cis.audit'" 目标”即可审计 MySQL 安全配置。

```
root@Wing:~# nmap -p 3306 --script mysql-audit --script-args "mysql-audit.username=
'root',\mysql-audit.password='',mysql-audit.filename='nselib/data/mysql-cis.audit'"
192.168.84.1

Starting Nmap 6.40 ( http://nmap.org ) at 2014-06-12 21:13 CST
Nmap scan report for 192.168.84.1
Host is up (0.0025s latency).
PORT     STATE SERVICE
3306/tcp open  mysql
| mysql-audit:
|   CIS MySQL Benchmarks v1.0.2
|       3.1: Skip symbolic links => PASS
|       3.2: Logs not on system partition => PASS
|       3.2: Logs not on database partition => PASS
|       4.1: Supported version of MySQL => REVIEW
|         Version: 5.1.54-1ubuntu4
|       4.4: Remove test database => PASS
|       4.5: Change admin account name => FAIL
|       4.7: Verify Secure Password Hashes => PASS
|       4.9: Wildcards in user hostname => FAIL
|         The following users were found with wildcards in hostname
|           root
|           super
|           super2
|       4.10: No blank passwords => PASS
|       4.11: Anonymous account => PASS
|       5.1: Access to mysql database => REVIEW
|         Verify the following users that have access to the MySQL database
|           user              host
|           root              localhost
|           root              patrik-11
|           root              127.0.0.1
|           debian-sys-maint  localhost
|           root              %
|           super             %
|       5.2: Do not grant FILE privileges to non Admin users => REVIEW
|         The following users were found having the FILE privilege
|           super
|           super2
|       5.3: Do not grant PROCESS privileges to non Admin users => REVIEW
|         The following users were found having the PROCESS privilege
|           super
|       5.4: Do not grant SUPER privileges to non Admin users => REVIEW
```

```
|        The following users were found having the SUPER privilege
|          super
|      5.5: Do not grant SHUTDOWN privileges to non Admin users => REVIEW
|        The following users were found having the SHUTDOWN privilege
|          super
|      5.6: Do not grant CREATE USER privileges to non Admin users => REVIEW
|        The following users were found having the CREATE USER privilege
|          super
|      5.7: Do not grant RELOAD privileges to non Admin users => REVIEW
|        The following users were found having the RELOAD privilege
|          super
|      5.8: Do not grant GRANT privileges to non Admin users => PASS
|      6.2: Disable Load data local => FAIL
|      6.3: Disable old password hashing => PASS
|      6.4: Safe show database => FAIL
|      6.5: Secure auth => FAIL
|      6.6: Grant tables => FAIL
|      6.7: Skip merge => FAIL
|      6.8: Skip networking => FAIL
|      6.9: Safe user create => FAIL
|      6.10: Skip symbolic links => FAIL
|
|_     The audit was performed using the db-account: root

Nmap done: 1 IP address (1 host up) scanned in 0.12 seconds
root@Wing:~#
```

分析

mysql-audit 脚本用于对 MySQL 安全配置进行审计，-p 参数指定目标端口，如果无法确定目标端口可以使用-sV 选项进行扫描，mysql-audit.username 选项指定的是目标数据库的账号，mysql-audit.password 选项指定的是目标的数据库密码，如果数据库密码为空，则在选项中留空。

8.6 审计 Oracle 密码

表 8.7 所示为本章节所需 Nmap 命令表，表中加粗命令为本小节所需命令——审计 Oracle 密码。

表 8.7　　本节所需命令

脚　本	解　释
mysql-databases	MySQL 列举数据库
mysql-variables	列举 MySQL 变量

续表

脚　　本	解　　释
mysql-empty-password	检查 MySQL 密码
mysql-brute	审计 MySQL 密码
mysql-audit	审计 MySQL 安全配置
oracle-brute	**审计 Oracle 密码**
ms-sql-brute	审计 msSQL 密码
ms-sql-empty-password	检查 msSQL 空密码
ms-sql-tables	读取 msSQL 数据
ms-sql-xp-cmdshell	msSQL 执行系统命令
pgsql-brute	审计 PgSQL 密码

操作步骤

使用命令“nmap --script oracle-brute -p 1521 --script-args oracle-brute.sid=test 目标”即可进行审计 Oracle 密码。

```
root@Wing:~# nmap --script oracle-brute -p 1521 --script-args oracle-brute.sid=test
192.168.126.131

Starting Nmap 6.40 ( http://nmap.org ) at 2014-06-12 21:29 CST
Nmap scan report for 192.168.126.131
Host is up (0.00032s latency).
PORT     STATE  SERVICE REASON
1521/tcp open   oracle  syn-ack
| oracle-brute:
|   Accounts
|     system:powell => Account locked
|     haxxor:haxxor => Valid credentials
|   Statistics
|_    Perfomed 157 guesses in 8 seconds, average tps: 19

Nmap done: 1 IP address (1 host up) scanned in 263.39 seconds
root@Wing:~#
```

分析

oracle-brute 脚本用于暴力破解 Oracle 密码，使用-p 指向目标端口号。若需要自定义的账号密码字典进行暴力破解，需要 userdb 选项指定账号字典 passdb 指向密码字典。

```
root@Wing:~# nmap --script oracle-brute -p 1521 --script-args oracle-brute.sid=test
--script-args
userdb=/tmp/usernames.txt,passdb=/tmp/passwords.txt 192.168.126.131
```

```
Starting Nmap 6.40 ( http://nmap.org ) at 2014-06-12 21:29 CST
Nmap scan report for 192.168.126.131
Host is up (0.00032s latency).
PORT     STATE  SERVICE REASON
1521/tcp open   oracle  syn-ack
| oracle-brute:
|   Accounts
|     system:powell => Account locked
|     haxxor:haxxor => Valid credentials
|   Statistics
|_    Perfomed 157 guesses in 8 seconds, average tps: 19

Nmap done: 1 IP address (1 host up) scanned in 393.56 seconds
root@Wing:~#
```

8.7 审计 msSQL 密码

表 8.8 所示为本章节所需 Nmap 命令表，表中加粗命令为本小节所需命令——审计 msSQL 密码。

表 8.8　　本节所需命令

脚　本	解　释
mysql-databases	MySQL 列举数据库
mysql-variables	列举 MySQL 变量
mysql-empty-password	检查 MySQL 密码
mysql-brute	审计 MySQL 密码
mysql-audit	审计 MySQL 安全配置
oracle-brute	审计 Oracle 密码
ms-sql-brute	**审计 msSQL 密码**
ms-sql-empty-password	检查 msSQL 空密码
ms-sql-tables	读取 msSQL 数据
ms-sql-xp-cmdshell	msSQL 执行系统命令
pgsql-brute	审计 PgSQL 密码

操作步骤

使用命令“nmap -p 1433 --script ms-sql-brute --script-args userdb=name.txt,passdb=pass.txt 目标”即可审计 msSQL 密码。

```
root@Wing:~# nmap -p 1433 --script ms-sql-brute --script-args userdb=name.txt,
passdb=pass.txt 192.168.84.1

Starting Nmap 6.40 ( http://nmap.org ) at 2014-06-12 21:44 PDT
Nmap scan report for 192.168.84.1
Host is up (0.00021s latency).
PORT     STATE SERVICE
1433/tcp open  ms-sql-s
| ms-sql-brute:
|_  sa:123456 => Login Success

Nmap done: 1 IP address (1 host up) scanned in 0.34 seconds

root@Wing:~#
```

8.8 检查 msSQL 空密码

表 8.9 所示为本章节所需 Nmap 命令表，表中加粗命令为本小节所需命令——检查 msSQL 空密码。

表 8.9 本节所需命令

脚　本	解　释
mysql-databases	MySQL 列举数据库
mysql-variables	列举 MySQL 变量
mysql-empty-password	检查 MySQL 密码
mysql-brute	审计 MySQL 密码
mysql-audit	审计 MySQL 安全配置
oracle-brute	审计 Oracle 密码
ms-sql-brute	审计 msSQL 密码
ms-sql-empty-password	**检查 msSQL 空密码**
ms-sql-tables	读取 msSQL 数据
ms-sql-xp-cmdshell	msSQL 执行系统命令
pgsql-brute	审计 PgSQL 密码

操作步骤

使用命令“nmap -p 1433 --script ms-sql-empty-password 目标”检查 msSQL 空密码。

```
root@Wing:~# nmap -p 1433 --script ms-sql-empty-password 192.168.126.1

Starting Nmap 6.40 ( http://nmap.org ) at 2014-06-12 22:03 CST
```

```
Nmap scan report for 192.168.126.1
Host is up (0.00027s latency).
PORT     STATE SERVICE
1433/tcp open  ms-sql-s
| ms-sql-empty-password:
|   [192.168.126.1\PROD]
|_    sa:<empty> => Login Success

Nmap done: 1 IP address (1 host up) scanned in 231.16 seconds
root@Wing:~#
```

分析

使用 ms-sql-empty-password 脚本可以检查 msSQL 空密码，在上面的结果中可以得知目标主机的 msSQL 密码为空并且提示登录成功，脚本默认的账号为 sa。

8.9 读取 msSQL 数据

表 8.10 所示为本章节所需 Nmap 命令表，表中加粗命令为本小节所需命令——读取 msSQL 数据。

表 8.10 本节所需命令

脚　本	解　释
mysql-databases	MySQL 列举数据库
mysql-variables	列举 MySQL 变量
mysql-empty-password	检查 MySQL 密码
mysql-brute	审计 MySQL 密码
mysql-audit	审计 MySQL 安全配置
oracle-brute	审计 Oracle 密码
ms-sql-brute	审计 msSQL 密码
ms-sql-empty-password	检查 msSQL 空密码
ms-sql-tables	**读取 msSQL 数据**
ms-sql-xp-cmdshell	msSQL 执行系统命令
pgsql-brute	审计 PgSQL 密码

操作步骤

使用命令“nmap -p 1433 --script ms-sql-tables --script-args mssql.username=sa,mssql.Password=sa 目标”读取 msSQL 数据。

```
root@Wing:~# nmap -p 1433 -script ms-sql-tables -script-args mssql.username=sa,
mssql.password=sa 192.168.126.131

Starting Nmap 6.40 ( http://nmap.org ) at 2014-06-12 21:51 PDT
Nmap scan report for 192.168.126.131
PORT     STATE SERVICE
1433/tcp open  ms-sql-s
| ms-sql-tables:
|   pen
|     tablecolumn     type  length
|     ===========     ====  ======
|     products   id    int   4
|     products   prodName   varchar    50
|     usersuserId     int   4
|     users sername   varchar    50
|     usersuserPass   varchar    20
|
|   Restrictions
|     Output restricted to 2 tables (see mssql-tables.maxtables)
|     Output restricted to 5 databases (see mssql-tables.maxdb)
|_    No filter (see mssql-tables.keywords)

Nmap done: 1 IP address (1 host up) scanned in 0.56 seconds
root@Wing:~#
```

分析

使用 ms-sql-tables 脚本就可以读取 msSQL 中的数据，其中，-p 指定目标端口。分别用选项 mssql.username、mssql.password 指定账号密码。Nmap 借助 ms-sql-tables 脚本可以轻易读取出相应的数据。

8.10 msSQL 执行系统命令

表 8.11 所示为本章节所需 Nmap 命令表，表中加粗命令为本小节所需命令——msSQL 执行系统命令。

表 8.11　　本节所需命令

脚　本	解　释
mysql-databases	MySQL 列举数据库
mysql-variables	列举 MySQL 变量
mysql-empty-password	检查 MySQL 密码
mysql-brute	审计 MySQL 密码

续表

脚　　本	解　　释
mysql-audit	审计 MySQL 安全配置
oracle-brute	审计 Oracle 密码
ms-sql-brute	审计 msSQL 密码
ms-sql-empty-password	检查 msSQL 空密码
ms-sql-tables	读取 msSQL 数据
ms-sql-xp-cmdshell	**msSQL 执行系统命令**
pgsql-brute	审计 PgSQL 密码

操作步骤

使用命令“nmap -p 1433 --script ms-sql-xp-cmdshell --script-args mssql.username=sa,mssql.password=sa,ms-sql-xp-cmdshell.cmd="ipconfig" 目标”即可借助 msSQL 执行系统命令。

```
root@Wing:~# nmap -p 1433 --script ms-sql-xp-cmdshell --script-args mssql.username=sa,
mssql.password=sa,ms-sql-xp-cmdshell.cmd="ipconfig" 192.168.126.1

Starting Nmap 6.40 ( http://nmap.org ) at 2014-06-12 21:55 PDT
Nmap scan report for 192.168.126.1
Host is up (0.00027s latency).
PORT     STATE SERVICE
1433/tcp open  ms-sql-s
| ms-sql-xp-cmdshell:  (Use  --script-args=mssql-xp-cmdshell.cmd='<CMD>'  to  change
command.)
|   ipconfig /all
|   output
|   ======
|
|   Windows IP Configuration
|
|      Host Name . . . . . . . . . . . . : wing
|      Primary Dns Suffix  . . . . . . . :
|      Node Type . . . . . . . . . . . . : Hybrid
|      IP Routing Enabled. . . . . . . . : No
|      WINS Proxy Enabled. . . . . . . . : No
|      DNS Suffix Search List. . . . . . : localdomain
|
|   Ethernet adapter ,0\xDE\xA5:
|
|      Connection-specific DNS Suffix  . : localdomain
|      Description . . . . . . . . . . . : Intel(R) PRO/1000 MT Network Connection
|      Physical Address. . . . . . . . . : 00-0D-29-06-18-F3
|      DHCP Enabled. . . . . . . . . . . : Yes
|      Autoconfiguration Enabled . . . . : Yes
|      IP Address. . . . . . . . . . . . : 192.168.126.1
```

```
|     Subnet Mask . . . . . . . . . . . . : 255.255.255.0
|     Default Gateway . . . . . . . . . . : 192.168.126.1
|     DHCP Server . . . . . . . . . . . . : 192.168.126.2
|     DNS Servers . . . . . . . . . . . . : 192.168.126.1
|     Primary WINS Server . . . . . . . . : 192.168.126.1
|_

Nmap done: 1 IP address (1 host up) scanned in 0.39 seconds
root@Wing:~#
```

分析

借助 ms-sql-xp-cmdshell 脚本，当权限足够大的时候我们就可以执行相关的系统命令，甚至添加删除管理员账号都可以准确执行，如果您想执行这个命令需要确定目标服务器开放 msSQL 服务端口并且您知道链接的账号密码。

8.11 审计 PgSQL 密码

表 8.12 所示为本章节所需 Nmap 命令表，表中加粗命令为本小节所需命令——审计 PgSQL 密码。

表 8.12 本节所需命令

脚本	解释
mysql-databases	MySQL 列举数据库
mysql-variables	列举 MySQL 变量
mysql-empty-password	检查 MySQL 密码
mysql-brute	审计 MySQL 密码
mysql-audit	审计 MySQL 安全配置
oracle-brute	审计 Oracle 密码
ms-sql-brute	审计 msSQL 密码
ms-sql-empty-password	检查 msSQL 空密码
ms-sql-tables	读取 msSQL 数据
ms-sql-xp-cmdshell	msSQL 执行系统命令
pgsql-brute	**审计 PgSQL 密码**

操作步骤

使用命令“nmap -p 5432 --script pgsql-brute 目标”即可审计 PgSQL 密码。

```
root@Wing:~# nmap -p 5432 --script pgsql-brute 192.168.126.131

Starting Nmap 6.40 ( http://nmap.org ) at 2014-06-13 13:58 CST
Nmap scan report for 192.168.126.131
Host is up (0.00032s latency).
PORT     STATE SERVICE
5432/tcp open  pgsql
| pgsql-brute:
|   root:<empty> => Valid credentials
|_  test:test => Valid credentials
MAC Address: 00:0C:29:E0:2E:76 (VMware)

Nmap done: 1 IP address (1 host up) scanned in 2.20 seconds
root@Wing:~#
```

分析

pgsql-brute 脚本是 PgSQL 数据库高效的密码审计工具，用于检查弱口令等。

第 9 章　渗透测试

本章知识点

- 审计 HTTP 身份验证
- 审计 FTP 服务器
- 审计 Wordpress 程序
- 审计 Joomla 程序
- 审计邮件服务器
- 审计 SMB 口令
- 审计 VNC 服务器
- 审计 SMTP 服务器
- 检测 Stuxnet 蠕虫
- SnMP 安全审计

本章节将介绍 Nmap 脚本对主流 CMS 程序、网络服务、网络病毒的检测，本章更是引入了对工控系统病毒 Stuxnet 检测技术。切勿将本章内容用于非法用途，请遵守相应的道德标准。

本章脚本

表 9.1 所示为本章节所需 Nmap 命令表，为方便读者查阅，笔者特此整理。

表 9.1　　本章所需脚本选项（名称）

脚　本	解　释
http-brute	审计 HTTP 身份验证
ftp-brute	审计 FTP 服务器
http-wordpress-brute	审计 Wordpress 程序
http-joomla-brute	审计 Joomla 程序
pop3-brute	审计邮件服务器

续表

脚　本	解　释
smb-brute.nse	审计 SMB 口令
vnc-brute	审计 VNC 服务器
smtp-brute	审计 SMTP 服务器
stuxnet-detect	检测 Stuxnet 蠕虫
snmp-netstat snmp-processes snmp-win32-services snmp-brute	SNMP 服务安全审计

9.1 审计 HTTP 身份验证

表 9.2 所示为本章节所需 Nmap 命令表，表中加粗命令为本小节所需命令——审计 HTTP 身份验证。

表 9.2　本节所需命令

脚　本	解　释
http-brute	**审计 HTTP 身份验证**
ftp-brute	审计 FTP 服务器
http-wordpress-brute	审计 Wordpress 程序
http-joomla-brute	审计 Joomla 程序
pop3-brute	审计邮件服务器
smb-brute.nse	审计 SMB 口令
vnc-brute	审计 VNC 服务器
smtp-brute	审计 SMTP 服务器
stuxnet-detect	检测 Stuxnet 蠕虫
snmp-netstat snmp-processes snmp-win32-services snmp-brute	SNMP 服务安全审计

操作步骤

使用命令“nmap --script http-brute -p 80 目标”即可审计 HTTP 身份。

```
root@Wing:~# nmap --script http-brute -p 80 0day
```

```
Starting Nmap 6.40 ( http://nmap.org ) at 2014-06-13 11:26 CST
Nmap scan report for 0day (173.14.243.232)
Host is up (0.0023s latency).
rDNS record for 173.14.243.232: zeroday
PORT   STATE    SERVICE
80/tcp filtered http
| http-brute:
|   Accounts
|     Patrik Karlsson:secret => Valid credentials
|   Statistics
|_    Perfomed 60023 guesses in 467 seconds, average tps: 138

Nmap done: 1 IP address (1 host up) scanned in 1.14 seconds
root@Wing:~#
```

分析

http-brute 脚本可以对 HTTP 中的 username 和 password 进行简单的暴力破解，使用-p 参数指定相关端口。如果遇到较为复杂的破解，http-brute 脚本可能无法满足您的要求，此时可以借助 Burpsuite 设置相关变量进行破解。

9.2 审计 FTP 服务器

表 9.3 所示为本章节所需 Nmap 命令表，表中加粗命令为本小节所需命令——审计 FTP 服务器。

表 9.3 本节所需命令

脚　本	解　释
http-brute	审计 HTTP 身份验证
ftp-brute	**审计 FTP 服务器**
http-wordpress-brute	审计 Wordpress 程序
http-joomla-brute	审计 Joomla 程序
pop3-brute	审计邮件服务器
smb-brute.nse	审计 SMB 口令
vnc-brute	审计 VNC 服务器
smtp-brute	审计 SMTP 服务器
stuxnet-detect	检测 Stuxnet 蠕虫
snmp-netstat snmp-processes snmp-win32-services snmp-brute	SNMP 服务安全审计

操作步骤

使用命令"nmap --script ftp-brute -p 21 目标"即可审计 FTP 服务器。

```
root@Wing:~# nmap --script ftp-brute -p 21 192.168.126.128

Starting Nmap 6.40 ( http://nmap.org ) at 2014-06-13 11:39 CST
Nmap scan report for 192.168.126.128
Host is up (0.00027s latency).
PORT   STATE SERVICE
21/tcp open  ftp
| ftp-brute:
|   Accounts
|     No valid accounts found
|   Statistics
|     Performed 10 guesses in 9 seconds, average tps: 1
|
|_ ERROR: Too many retries, aborted ...
MAC Address: 00:0C:29:D3:9D:B9 (VMware)

Nmap done: 1 IP address (1 host up) scanned in 8.39 seconds
root@Wing:~#
```

分析

ftp-brute 脚本可以暴力破解 FTP 账号密码，但上面没有破解成功，需要设置一个账号密码的字典进行爆破。

```
root@Wing:~# nmap --script ftp-brute --script-args userdb=user.txt,passdb=pass.txt -p 21
192.168.126.128

Starting Nmap 6.40 ( http://nmap.org ) at 2014-06-13 12:00 CST
Nmap scan report for 192.168.126.128
Host is up (0.00025s latency).
PORT   STATE SERVICE
21/tcp open  ftp
| my-ftp-brute:
|   Accounts
|     admin:admin - Valid credentials
|   Statistics
|_    Performed 510 guesses in 610 seconds, average tps: 0
MAC Address: 00:0C:29:D3:9D:B9 (VMware)

Nmap done: 1 IP address (1 host up) scanned in 7.99 seconds
root@Wing:~#
```

设定了相关的账号密码字典后成功地破解出账号密码为 admin。很多的 FTP 服务允许匿名登录，此时我们也可以使用 ftp-anon 脚本检测目标主机 FTP 服务是否允许匿名登录。

```
root@Wing:~# nmap --script=ftp-anon 192.168.1.103

Starting Nmap 6.47 ( http://nmap.org ) at 2015-06-23 20:25 CST
Nmap scan report for 192.168.1.103
Host is up (1.0s latency).
Not shown: 986 closed ports
PORT     STATE    SERVICE
21/tcp   open     ftp
| ftp-anon: Anonymous FTP login allowed (FTP code 230)
| drw-rw-rw- 1 user group 0 Jun 16 22:18 Untitled [NSE: writeable]
|_drw-rw-rw- 1 user group 0 Jun 16 22:18 Untitled2 [NSE: writeable]
135/tcp  open     msrpc
139/tcp  open     netbios-ssn
445/tcp  open     microsoft-ds
514/tcp  filtered shell
843/tcp  open     unknown
902/tcp  open     iss-realsecure
912/tcp  open     apex-mesh
7000/tcp open     afs3-fileserver
8000/tcp open     http-alt
49152/tcp open    unknown
49153/tcp open    unknown
49155/tcp open    unknown
49157/tcp open    unknown

Nmap done: 1 IP address (1 host up) scanned in 136.62 seconds
root@Wing:~#
```

从输出的信息可以得知，目标主机 FTP 服务允许匿名登录，并且发现 Untitled、Untitled2 两个目录。

9.3 审计 Wordpress 程序

表 9.4 所示为本章节所需 Nmap 命令表，表中加粗命令为本小节所需命令——审计 Wordpress 程序。

表 9.4　　本节所需命令

脚　本	解　释
http-brute	审计 HTTP 身份验证
ftp-brute	审计 FTP 服务器
http-wordpress-brute	**审计 Wordpress 程序**
http-joomla-brute	审计 Joomla 程序
pop3-brute	审计邮件服务器

续表

脚　本	解　释
smb-brute.nse	审计 SMB 口令
vnc-brute	审计 VNC 服务器
smtp-brute	审计 SMTP 服务器
stuxnet-detect	检测 Stuxnet 蠕虫
snmp-netstat snmp-processes snmp-win32-services snmp-brute	SNMP 服务安全审计

操作步骤

使用命令"nmap -p80 --script http-wordpress-brute 目标"即可审计 Wordpress 密码。

```
root@Wing:~# nmap -p80 --script http-wordpress-brute 192.168.126.131

Starting Nmap 6.40 ( http://nmap.org ) at 2014-06-13 12:32 CST
Nmap scan report for 192.168.126.131
Host is up (0.00023s latency).
PORT   STATE SERVICE
80/tcp open  http
| http-wordpress-brute:
|   Accounts
|     root:root => Login correct
|   Statistics
|_    Perfomed 103 guesses in 17 seconds, average tps: 6
MAC Address: 00:0C:29:E0:2E:76 (VMware)

Nmap done: 1 IP address (1 host up) scanned in 19.16 seconds
root@Wing:~#
```

分析

http-wordpress-brute 脚本可以很好地针对 Wordpress 程序进行审计，通过以上的结果，我们可以看到很快就可以破解出账号密码，这对于网站的管理员来说是一个非常不错的自身检测工具。

若需要自定字典则需要设置 userdb、passdb 选项指定相应的字典。

```
root@Wing:~# nmap -p80 --script http-wordpress-brute --script-args userdb=user.txt,
passdb=passwd.txt 192.168.126.131

Starting Nmap 6.40 ( http://nmap.org ) at 2014-06-13 12:36 CST
Nmap scan report for 192.168.126.131
Host is up (0.00023s latency).
```

```
PORT   STATE SERVICE
80/tcp open  http
| http-wordpress-brute:
|   Accounts
|     root:root => Login correct
|   Statistics
|_    Perfomed 103 guesses in 17 seconds, average tps: 6
MAC Address: 00:0C:29:E0:2E:76 (VMware)

Nmap done: 1 IP address (1 host up) scanned in 56.15 seconds
root@Wing:~#
```

还可以设置线程数，减少破解的时间。

```
root@Wing:~# nmap -p80 --script http-wordpress-brute --script-args http-wordpress-
brute.threads=10 192.168.126.131

Starting Nmap 6.40 ( http://nmap.org ) at 2014-06-13 12:40 CST
Nmap scan report for 192.168.126.131
Host is up (0.00023s latency).
PORT   STATE SERVICE
80/tcp open  http
| http-wordpress-brute:
|   Accounts
|     root:root => Login correct
|   Statistics
|_    Perfomed 103 guesses in 17 seconds, average tps: 6
MAC Address: 00:0C:29:E0:2E:76 (VMware)

Nmap done: 1 IP address (1 host up) scanned in 13.16 seconds
root@Wing:~#
```

9.4 审计 Joomla 程序

表 9.5 所示为本章节所需 Nmap 命令表，表中加粗命令为本小节所需命令——审计 Joomla 程序。

表 9.5　　本节所需命令

脚　　本	解　　释
http-brute	审计 HTTP 身份验证
ftp-brute	审计 FTP 服务器
http-wordpress-brute	审计 Wordpress 程序
http-joomla-brute	**审计 Joomla 程序**
pop3-brute	审计邮件服务器

续表

脚　　本	解　　释
smb-brute.nse	审计 SMB 口令
vnc-brute	审计 VNC 服务器
smtp-brute	审计 SMTP 服务器
stuxnet-detect	检测 Stuxnet 蠕虫
snmp-netstat snmp-processes snmp-win32-services snmp-brute	SNMP 服务安全审计

操作步骤

使用命令"nmap -p80 --script http-joomla-brute 目标"即可对目标 Joomla 程序进行账号密码的暴力破解。

```
root@Wing:~# nmap -p80 --script http-joomla-brute 192.168.126.131

Starting Nmap 6.40 ( http://nmap.org ) at 2014-06-13 12:53 CST
Nmap scan report for 192.168.126.131
Host is up (0.00036s latency).
PORT   STATE SERVICE
80/tcp open  http
| http-joomla-brute:
|   Accounts
|     admin:admin => Login correct
|   Statistics
|_    Perfomed 499 guesses in 301 seconds, average tps: 0
MAC Address: 00:0C:29:E0:2E:76 (VMware)

Nmap done: 1 IP address (1 host up) scanned in 42.29 seconds
root@Wing:~#
```

分析

使用 http-joomla-brute 脚本可以有效地审计 Joomla 程序，作为网站站长或是网站管理员，使用该脚本是一个非常不错的自我审计的方法。同样地，我们也可以自定义账号密码字典，进行高效率的破解。

```
root@Wing:~# nmap -p80 --script http-joomla-brute  --script-args userdb=users.txt,
passdb=passwds.txt 192.168.126.131

Starting Nmap 6.40 ( http://nmap.org ) at 2014-06-13 12:56 CST
Nmap scan report for 192.168.126.131
Host is up (0.00036s latency).
```

```
PORT   STATE SERVICE
80/tcp open  http
| http-joomla-brute:
|   Accounts
|     admin:admin => Login correct
|   Statistics
|_    Perfomed 499 guesses in 301 seconds, average tps: 0
MAC Address: 00:0C:29:E0:2E:76 (VMware)

Nmap done: 1 IP address (1 host up) scanned in 128.56 seconds
root@Wing:~#
```

设置线程让破解更加高效。

```
root@Wing:~# nmap -p80 --script http-joomla-brute  --script-args userdb=users.txt,
passdb=passwds.txt,http-joomla-brute.threads=5 192.168.126.131

Starting Nmap 6.40 ( http://nmap.org ) at 2014-06-13 13:00 CST
Nmap scan report for 192.168.126.131
Host is up (0.00036s latency).
PORT   STATE SERVICE
80/tcp open  http
| http-joomla-brute:
|   Accounts
|     admin:admin => Login correct
|   Statistics
|_    Perfomed 499 guesses in 301 seconds, average tps: 0
MAC Address: 00:0C:29:E0:2E:76 (VMware)

Nmap done: 1 IP address (1 host up) scanned in 31.10 seconds
root@Wing:~#
```

默认线程是 3，我们将其设置为 5。

9.5 审计邮件服务器

表 9.6 所示为本章节所需 Nmap 命令表，表中加粗命令为本小节所需命令——审计邮件服务器。

表 9.6　　本节所需命令

脚　本	解　释
http-brute	审计 HTTP 身份验证
ftp-brute	审计 FTP 服务器
http-wordpress-brute	审计 Wordpress 程序
http-joomla-brute	审计 Joomla 程序

续表

脚　本	解　释
pop3-brute	**审计邮件服务器**
smb-brute.nse	审计 SMB 口令
vnc-brute	审计 VNC 服务器
smtp-brute	审计 SMTP 服务器
stuxnet-detect	检测 Stuxnet 蠕虫
snmp-netstat snmp-processes snmp-win32-services snmp-brute	SNMP 服务安全审计

操作步骤

使用命令“nmap -p110 --script=pop3-brute 目标”即可对目标的邮件服务器进行安全审计。

```
root@Wing:~# nmap -p110 --script=pop3-brute 192.168.126.131

Starting Nmap 6.40 ( http://nmap.org ) at 2014-06-13 13:04 CST
Nmap scan report for 192.168.126.131
Host is up (0.00036s latency).
PORT    STATE  SERVICE
110/tcp open   pop3
| pop3-brute-ported:
| Accounts:
|  user:pass => Login correct
| Statistics:
|_ Performed 8 scans in 1 seconds, average tps: 8
MAC Address: 00:0C:29:E0:2E:76 (VMware)

Nmap done: 1 IP address (1 host up) scanned in 39.15 seconds
root@Wing:~#
```

分析

使用 pop3-brute 脚本可以对邮件服务器进行审计，若需要自定义字典则需要设置 passdb、userdb 两个选项指定相应的字典。

9.6 审计 SMB 口令

表 9.7 所示为本章节所需 Nmap 命令表，表中加粗命令为本小节所需命令——审计 SMB

口令。

表 9.7 本节所需命令

脚　本	解　释
http-brute	审计 HTTP 身份验证
ftp-brute	审计 FTP 服务器
http-wordpress-brute	审计 Wordpress 程序
http-joomla-brute	审计 Joomla 程序
pop3-brute	审计邮件服务器
smb-brute.nse	**审计 SMB 口令**
vnc-brute	审计 VNC 服务器
smtp-brute	审计 SMTP 服务器
stuxnet-detect	检测 Stuxnet 蠕虫
snmp-netstat snmp-processes snmp-win32-services snmp-brute	SNMP 服务安全审计

操作步骤

使用命令“nmap --script smb-brute.nse -p445 目标”即可对目标 SMB 服务进行口令审计。

```
root@Wing:~# nmap --script smb-brute.nse -p445 192.168.126.128

Starting Nmap 6.40 ( http://nmap.org ) at 2014-06-13 13:10 CST
Nmap scan report for 192.168.126.128
Host is up (0.00024s latency).
PORT    STATE SERVICE
445/tcp open  microsoft-ds
MAC Address: 00:0C:29:D3:9D:B9 (VMware)

Host script results:
| smb-brute:
|   administrator:<blank> => Valid credentials
|   guest:<blank> => Valid credentials, account disabled
|_  wing:<blank> => Valid credentials

Nmap done: 1 IP address (1 host up) scanned in 6.71 seconds
root@Wing:~#
```

分析

使用 smb-brute.nse 脚本可以对目标进行 SMB 口令的审计，以上结果表明目标并没有设置系统口令，这是相当危险的，我们仅用了 6 秒的时间就破解了目标的所有账户。对于复杂的密码，我们还可以使用 passdb 选项指向一个自定义字典。

```
root@Wing:~# nmap --script smb-brute.nse --script-args passdb=pass.txt -p445 192.168.126.128

Starting Nmap 6.40 ( http://nmap.org ) at 2014-06-13 13:14 CST
Nmap scan report for 192.168.126.128
Host is up (0.00031s latency).
PORT    STATE SERVICE
445/tcp open  microsoft-ds
MAC Address: 00:0C:29:D3:9D:B9 (VMware)

Host script results:
| smb-brute:
|   administrator:<blank> => Valid credentials
|   guest:<blank> => Valid credentials, account disabled
|_  wing:<blank> => Valid credentials

Nmap done: 1 IP address (1 host up) scanned in 0.37 seconds
root@Wing:~#
```

9.7 审计 VNC 服务器

表 9.8 所示为本章节所需 Nmap 命令表，表中加粗命令为本小节所需命令——审计 VNC 服务器。

操作步骤

使用命令“nmap --script vnc-brute -p 5900 目标”审计 VNC 服务器。

表 9.8 本节所需命令

脚　本	解　释
http-brute	审计 HTTP 身份验证
ftp-brute	审计 FTP 服务器
http-wordpress-brute	审计 Wordpress 程序
http-joomla-brute	审计 Joomla 程序
pop3-brute	审计邮件服务器
smb-brute.nse	审计 SMB 口令
vnc-brute	**审计 VNC 服务器**

续表

脚　　本	解　　释
smtp-brute	审计 SMTP 服务器
stuxnet-detect	检测 Stuxnet 蠕虫
snmp-netstat snmp-processes snmp-win32-services snmp-brute	SNMP 服务安全审计

```
root@Wing:~# nmap --script vnc-brute -p 5900 192.163.126.131

Starting Nmap 6.40 ( http://nmap.org ) at 2014-06-13 13:21 CST
Nmap scan report for 192.168.126.131
Host is up (0.00019s latency).
PORT     STATE SERVICE
5900/tcp open  vnc
| vnc-brute:
|   Accounts
|_    123456 => Valid credentials
MAC Address: 00:0C:29:E0:2E:76 (VMware)

Nmap done: 1 IP address (1 host up) scanned in 0.15 seconds
root@Wing:~#
```

分析

vnc-brute 脚本可以很好地审计 VNC 服务器弱口令。我们可以利用 userdb、passdb 选项指定自定义的字典。

9.8 审计 SMTP 服务器

表 9.9 所示为本章节所需 Nmap 命令表，表中加粗命令为本小节所需命令——审计 SMTP 服务器。

表 9.9　　本节所需命令

脚　　本	解　　释
http-brute	审计 HTTP 身份验证
ftp-brute	审计 FTP 服务器
http-wordpress-brute	审计 Wordpress 程序

续表

脚　本	解　释
http-joomla-brute	审计 Joomla 程序
pop3-brute	审计邮件服务器
smb-brute.nse	审计 SMB 口令
vnc-brute	审计 VNC 服务器
smtp-brute **smtp-enum-users**	**审计 SMTP 服务器**
stuxnet-detect	检测 Stuxnet 蠕虫
snmp-netstat snmp-processes snmp-win32-services snmp-brute	SNMP 服务安全审计

操作步骤

使用命令“nmap -p 25 --script smtp-brute 目标”即可审计 SMTP 服务器。

```
root@Wing:~# nmap -p 25 --script smtp-brute 192.168.126.131

Starting Nmap 6.40 ( http://nmap.org ) at 2014-06-13 13:33 CST
Nmap scan report for 192.168.126.131
Host is up (0.00020s latency).
PORT   STATE SERVICE
25/tcp open  smtp
| smtp-brute:
|   Accounts
|     braddock:jules - Valid credentials
|     lane:sniper - Valid credentials
|     parker:scorpio - Valid credentials
|   Statistics
|_    Performed 1160 guesses in 41 seconds, average tps: 33
MAC Address: 00:0C:29:E0:2E:76 (VMware)

Nmap done: 1 IP address (1 host up) scanned in 9.16 seconds
root@Wing:~#
```

分析

SMTP（Simple Mail Transfer Protocol）即简单邮件传输协议,它是一组用于由源地址到目的地址传送邮件的规则，由它来控制信件的中转方式。SMTP 协议属于 TCP/IP 协议族，它帮助每台计算机在发送或中转信件时找到下一个目的地。通过 SMTP 协议所指定的服务器,就可以把 E-mail 寄到收信人的服务器上了，整个过程只要几分钟。SMTP 服务器则是遵循 SMTP 协议的发送邮件服务器，用来发送或中转发出的电子邮件。

使用 smtp-brute 选项可以很方便地对 STMP 服务器进行审计，这有利于网站管理员及时发现自身的问题。

若要进行邮件的接受与发送则需要有对应的邮箱账户，通过 VRFY、EXPN 或 RCPT 命令，可以枚举邮箱用户，在 Nmap 的脚本中 smtp-enum-users 则可以通过枚举远程系统所有的用户。

```
root@Wing:~# nmap -p 25 --script=smtp-enum-users.nse smtp.XX.com

Starting Nmap 6.47 ( http://nmap.org ) at 2015-06-28 20:38 CST
Nmap scan report for smtp.XX.com (163.177.65.211)
Host is up (0.0078s latency).
PORT   STATE SERVICE
25/tcp open  smtp
| smtp-enum-users:
|   admin
|   adminadmin
|     administrator
|     user
|     system
|_  root

Nmap done: 1 IP address (1 host up) scanned in 0.46 seconds
root@Wing:~#
```

从输出的结果中可以看到枚举出 6 个用户。

9.9 检测 Stuxnet 蠕虫

表 9.10 所示为本章节所需 Nmap 命令表，表中加粗命令为本小节所需命令——检测 Stuxnet 蠕虫。

表 9.10　　本节所需命令

脚　本	解　释
http-brute	审计 HTTP 身份验证
ftp-brute	审计 FTP 服务器
http-wordpress-brute	审计 Wordpress 程序
http-joomla-brute	审计 Joomla 程序

续表

脚本	解释
pop3-brute	审计邮件服务器
Smb-brute.nse	审计 SMB 口令
vnc-brute	审计 VNC 服务器
smtp-brute	审计 SMTP 服务器
stuxnet-detect	**检测 Stuxnet 蠕虫**
snmp-netstat snmp-processes snmp-win32-services snmp-brute	SNMP 服务安全审计

操作步骤

使用命令“nmap --script stuxnet-detect -p 445 目标”即可检测 stuxnet 蠕虫。

```
root@Wing:~# nmap --script stuxnet-detect -p 445 192.168.126.131

Starting Nmap 6.40 ( http://nmap.org ) at 2014-06-13 13:42 CST
Nmap scan report for 192.168.126.131
Host is up (0.00032s latency).
PORT    STATE SERVICE
445/tcp open  microsoft-ds
|_stuxnet-detect: INFECTED (version 4c:04:00:00:01:00:00:00)
MAC Address: 00:0C:29:E0:2E:76 (VMware)

Nmap done: 1 IP address (1 host up) scanned in 2.20 seconds
root@Wing:~#
```

分析

Stuxnet 蠕虫病毒（超级工厂病毒）是世界上首个专门针对工业控制系统编写的破坏性病毒，能够利用 Windows 系统和西门子 SIMATIC WinCC 系统的 7 个漏洞进行攻击。特别是针对西门子公司的 SIMATIC WinCC 监控与数据采集（SCADA）系统进行攻击，该系统在我国的多个重要行业应用广泛，被用来进行钢铁、电力、能源、化工等重要行业的人机交互与监控。Stuxnet 蠕虫病毒传播途径为主要通过 U 盘和局域网进行传播。

使用 stuxnet-detect 脚本可以轻易地发现 Stuxnet 蠕虫病毒，保障系统安全。

9.10 SNMP 安全审计

表 9.11 所示为本章节所需 Nmap 命令表，表中加粗命令为本小节所需命令——SNMP 服务安全审计。

表 9.11　　本节所需命令

脚　本	解　释
http-brute	审计 HTTP 身份验证
ftp-brute	审计 FTP 服务器
http-wordpress-brute	审计 Wordpress 程序
http-joomla-brute	审计 Joomla 程序
pop3-brute	审计邮件服务器
smb-brute.nse	审计 SMB 口令
vnc-brute	审计 VNC 服务器
smtp-brute	审计 SMTP 服务器
stuxnet-detect	检测 Stuxnet 蠕虫
snmp-netstat **snmp-processes** **snmp-win32-services** **snmp-brute**	**SNMP 服务安全审计**

简单网络管理协议（SNMP）由一组网络管理的标准组成，包含一个应用层协议（application layer protocol）、数据库模型（database schema）和一组资源对象。该协议能够支持网络管理系统，用以监测连接到网络上的设备是否有任何引起管理上关注的情况。该协议是互联网工程工作小组（Internet Engineering Task Force，IETF）定义的 Internet 协议簇的一部分。SNMP 的目标是管理互联网 Internet 上众多厂家生产的软硬件平台，因此 SNMP 受 Internet 标准网络管理框架的影响也很大。SNMP 已经出到第三个版本的协议，其功能较以前已经大大地加强和改进了。

Nmap 的 snmp-netstat 脚本可以识别并自动添加新的目标进行扫描，通过该脚本可以查询 SNMP 协议，可以获取目标主机的网络状态。

操作步骤

使用命令“nmap -sU -p 161 --script=snmp-netstat 目标”即可获取目标主机网络连接状态。

```
root@Wing:~# nmap -sU -p 161 --script=snmp-netstat 192.168.121.3

Starting Nmap 6.47 ( http://nmap.org ) at 2015-06-28 20:55 CST
Nmap scan report for 192.168.121.3 (192.168.121.3)
Host is up (0.000068s latency).
PORT    STATE  SERVICE
161/udp open   snmp
| snmp-netstat:
|   TCP  0.0.0.0:21          0.0.0.0:2256
|   TCP  0.0.0.0:80          0.0.0.0:8218
|   TCP  0.0.0.0:135         0.0.0.0:53285
|   TCP  0.0.0.0:389         0.0.0.0:38990
|   TCP  0.0.0.0:445         0.0.0.0:49158
|   TCP  192.168.121.3:389   192.168.121.1:1045
|   TCP  192.168.121.3:389   192.168.121.1:1048
|   UDP  192.168.121.3:137    *:*
|   UDP  192.168.121.3:138    *:*
|   UDP  192.168.121.3:389    *:*
|_  UDP  192.168.121.3:464    *:*

Nmap done: 1 IP address (1 host up) scanned in 0.12 seconds
root@Wing:~#
```

分析

从以上信息可以看到目标主机 192.168.121.3 的网络连接情况，目标主机 192.168.121.3 通过 389 端口与主机 192.168.121.1 的 1045 端口建立了 TCP 连接。

进程是指在系统中正在运行的一个应用程序，线程是系统分配处理器时间资源的基本单元，或者说进程之内独立执行的一个单元。对于操作系统而言，其调度单元是线程。一个进程至少包括一个线程，通常将该线程称为主线程。一个进程从主线程的执行开始进而创建一个或多个附加线程，就是所谓基于多线程的多任务，如果结束掉一个进程则相对应的程序也会被强制关闭。在 Nmap 中 snmp-processes 脚本可以通过 SNMP 服务协议枚举运行的系统进程。

```
root@Wing:~# nmap -sU -p 161 --script=snmp-processes 192.168.121.1

Starting Nmap 6.47 ( http://nmap.org ) at 2015-06-28 21:03 CST
Nmap scan report for 192.168.121.1
Host is up (0.0018s latency).
PORT    STATE  SERVICE
161/udp open   snmp
| snmp-processes:
|   1:
|     Name: System Idle Process
|   4:
|     Name: System
|   256:
```

```
|     Name: smss.exe
|     Path: \SystemRoot\System32\
|   308:
|     Name: csrss.exe
|     Path: C:\WINDOWS\system32\
|           Params:  ObjectDirectory=\Windows  SharedSection=1024,3072,512  Windows=On
SubSystemType=Windows ServerDll=basesrv,1 ServerDll=winsrv:UserS
|   332:
|     Name: winlogon.exe
|   380:
|     Name: services.exe
|     Path: C:\WINDOWS\system32\
|   392:
|     Name: lsass.exe
|_    Path: C:\WINDOWS\system32\
Nmap done: 1 IP address (1 host up) scanned in 0.08 seconds
root@Wing:~#
```

从以上信息可以得知目标主机运行的进程名称、进程号、进程路径等信息。获得信息的多少取决于目标系统运行程序的多少。Nmap 中的 snmp-win32-services 脚本可以获得 Windows 服务器的服务。

```
root@Wing:~# nmap -sU -p 161 --script=snmp-win32-services 192.168.121.1

Starting Nmap 6.47 ( http://nmap.org ) at 2015-06-28 21:09 CST
Nmap scan report for 192.168.121.1
Host is up (0.0013s latency).
PORT    STATE  SERVICE
161/udp open   snmp
| snmp-win32-services:
|   Apache Tomcat
|   Application Experience Lookup Service
|   Application Layer Gateway Service
|   Automatic Updates
|   COM+ Event System
|   COM+ System Application
|   Computer Browser
|   Cryptographic Services
|   DB2 - DB2COPY1 - DB2
|   DB2 Management Service (DB2COPY1)
|   DB2 Remote Command Server (DB2COPY1)
|   DB2DAS - DB2DAS00
|_  DCOM Server Process Launcher
Nmap done: 1 IP address (1 host up) scanned in 0.08 seconds
root@Wing:~#
```

Snmp 服务的密码一旦被破解对服务器的威胁是非常大的，如何避免这种情况的产生？Nmap 中的 snmp-brute 的脚本可以对目标服务器的 Snmp 服务进行口令审计。

```
root@Wing:~# nmap -sU -p 161 --script snmp-brute 192.168.121.1

Starting Nmap 6.47 ( http://nmap.org ) at 2015-06-28 21:14 CST
Nmap scan report for 192.168.121.1
Host is up (0.0013s latency).
PORT    STATE  SERVICE
161/udp open   snmp
| snmp-brute:
|_  admin - Valid credentials

Nmap done: 1 IP address (1 host up) scanned in 0.09 seconds
root@Wing:~#
```

从输出的结果得知目标服务器 Snmp 服务的密码为 admin。若没有得到满意的结果还可以使用 snmp-brute.communitiesdb 选项指定一个字典进行破解。

第 10 章　Zenmap 应用

本章知识点

- Zenmap 介绍
- Zenmap 基本配置
- Zenmap 扫描模板
- Ports/Hosts 标签
- Topology 标签
- Host Details 标签
- Scans 标签
- 编辑扫描模板
- 新建扫描模板

本章节将介绍 Zenmap 的使用。作为 Nmap 初学者最好的帮助工具，Zenmap 以其强大的操控界面可以完成很多在 Shell 终端下复杂的命令。Zenmap 包含了不同的模板，我们可以对这些模板进行自定义设置，让它更加灵活易用。

10.1 Zenmap 介绍

Zenmap 是经典安全扫描工具 Nmap 的一个官方的图形界面版本，是一个跨平台的开源应用，不仅方便初学者使用，同时为高级使用者提供了很多高级特性。频繁的扫描能够被存储，进行重复运行。命令行工具提供了直接与 Nmap 的交互操作。扫描结果能够被存储，便于事后查阅。存储的扫描可以被比较以辨别其异同。最近的扫描结果能够存储在一个可搜索的数据库中。

图 10.1 所示为 Zenmap 的经典窗口。Zenmap 是用 Python 语言编写而成的开源免费的图形

界面，能够运行在不同操作系统平台上（Windows/Linux/Unix/Mac OS 等）。Zenmap 旨在为 Nmap 提供更加简单的操作方式。简单常用的操作命令可以保存成为 Profile，用户扫描时选择 profile 即可，可以方便地比较不同的扫描结果，还提供网络拓扑结构（NetworkTopology）的图形显示功能。

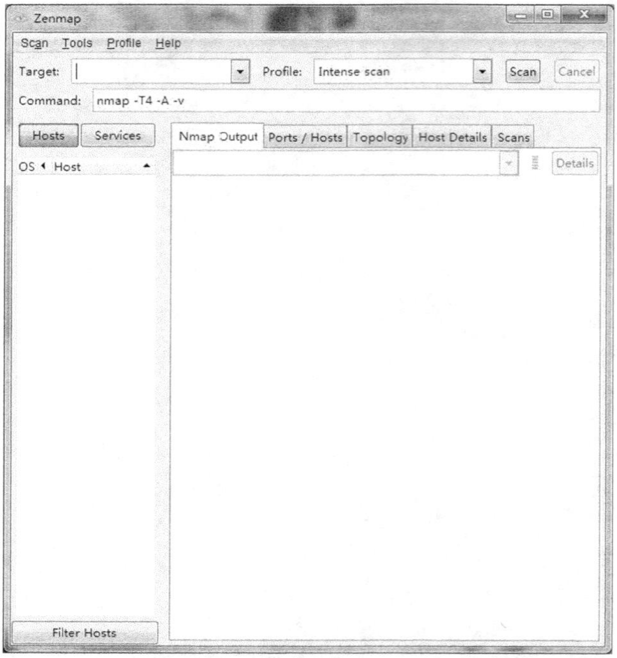

▲图 10.1　Zenmap 界面

10.2 Zenmap 基本配置

如图 10.2 所示，在 Target 处可以填入目标的 IP 或域名，当对某个目标进行扫描后，Zenmap 会自动记录目标的 IP 地址或域名并保存在数据库中，当我们选择 Target 下拉菜单的时候，Zenmap 会将这些曾经扫描过的 IP 或域名显示出来。

如图 10.3 所示，Profile 中包含了 10 种常用的扫描方式，当我们选择某种扫描方式时，Zenmap 会在 Command 中将这种扫描方式的具体选项配置显示出来，例如我们选择 Intense scan 扫描方式时，Comman 中的内容则是 nmap -T4 -A -v。

▲图 10.2 Target 介绍

如图 10.4 所示，在 Zenmap 的 Command 中可以自定义写入命令，也可以在 Profile 中调用相关命令并将选项配置显示出来。

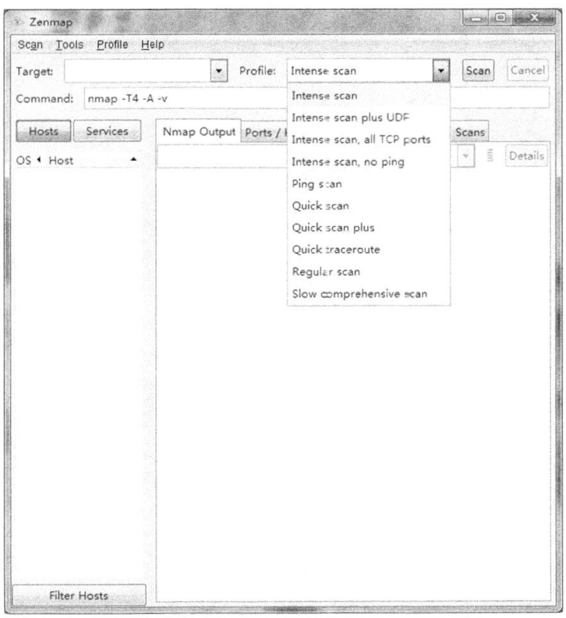

▲图 10.3 Profile 介绍

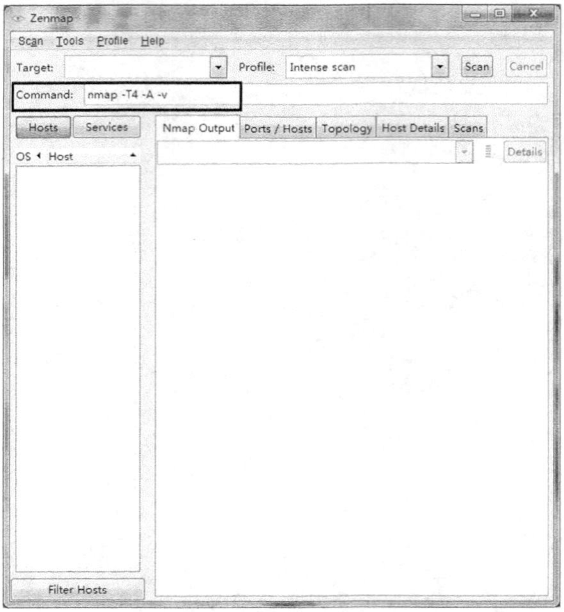

▲图 10.4　Command 介绍

如图 10.5 所示，在 Nmap Output 中显示的是 Nmap 扫描的过程及其结果，同 Shell 终端中显示的信息是一样的。

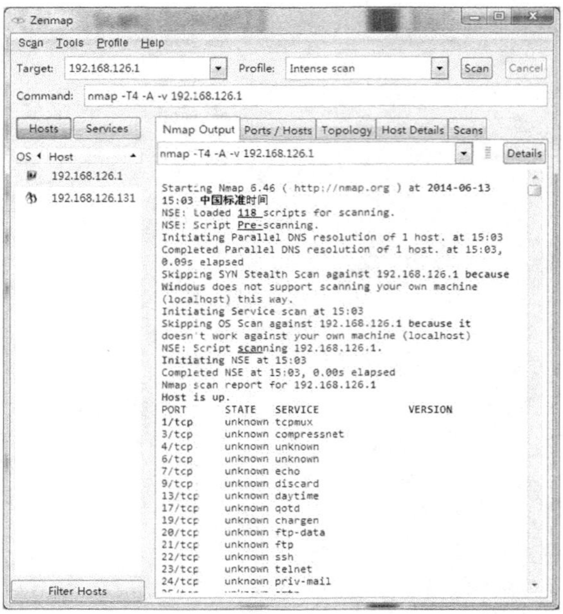

▲图 10.5　Nmap Output 介绍

左边的 Hosts 中显示的是目标的 IP 地址或域名和目标 OS。

如图 10.6 所示，我们选择 Hosts 中的历史数据/目标 OS，或者直接在 Nmap Output 中下拉菜单中选择都是可以的。Nmap 对每次扫描都会进行记录。

▲图 10.6　Hosts 介绍

10.3　Zenmap 扫描模板

Intense scan

如图 10.7 所示，该扫描模板包含了 3 个选项，这与 Shell 终端中的选项意义相同。-T4 选项为野蛮扫描，该选项被允许在网络环境较好的情况下使用，-A 选项为进行综合性扫描，-v 选项为显示详细信息。这是一个标准的扫描方式，也是经常用的一个扫描方式。

Intense scan plus UDP

如图 10.8 所示，该扫描模板是 UDP 扫描。其中，-sS 选项为隐蔽扫描，-sU 选项则为 UDP 扫描，-A 选项为综合扫描，-v 选项为显示详细信息。这是 UDP 扫描的一个经典模板。

▲图 10.7 Intense scan 扫描模板

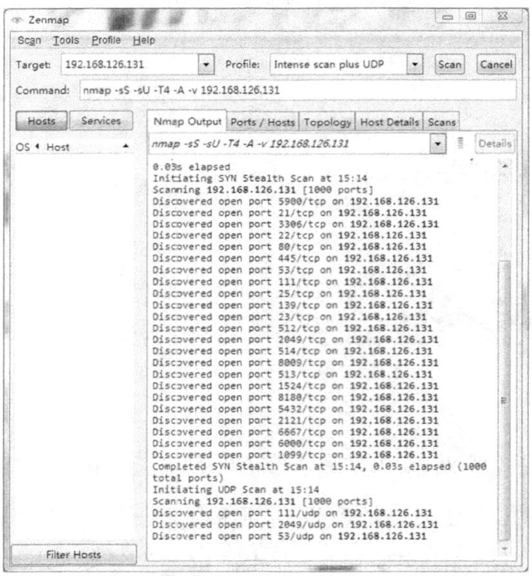

▲图 10.8 Intense scan plus UDP 扫描模板

Intense scan, all TCP ports

如图 10.9 所示，该模板会扫描所有的 TCP 端口。其中，-p 选项指定的为一个端口范围，-T4 选项为野蛮扫描方式，此方式多用于网络环境较好的情况下，-A 选项为综合扫描，-v 为显示详细信息。

▲图 10.9 Intense scan, all TCP ports 扫描模板

Intense scan, no ping

如图 10.10 所示，该模板是无 Ping 扫描，其中，-T4 选项为野蛮扫描，-A 选项为综合扫描，-v 选项为显示详细信息，-Pn 选项为直接跳过主机发现而进行端口扫描等高级操作（如果已经确知目标主机已经开启，可用该选项）。

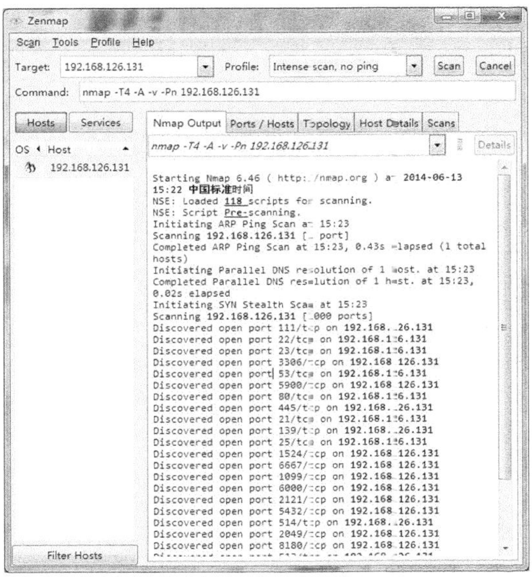

▲图 10.10 Intense scan, no ping 扫描模板

Ping scan

如图 10.11 所示，该扫描模板是 Ping 扫描，-sn 选项为只单独进行主机发现。

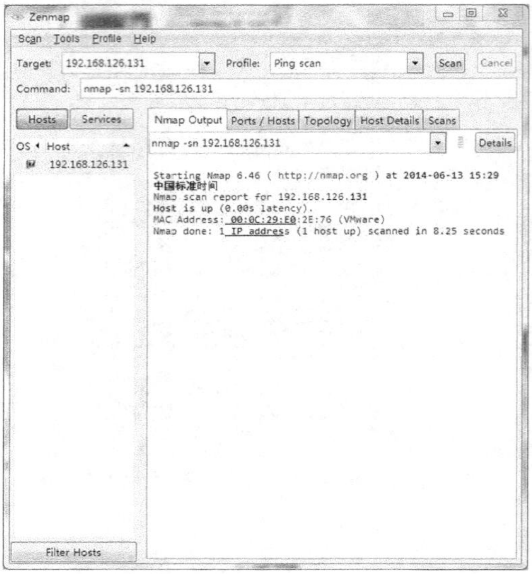

▲图 10.11　Ping scan 扫描模板

Quick scan

如图 10.12 所示，该扫描模板是快速扫描。-T4 为野蛮扫描，-F 为快速扫描。

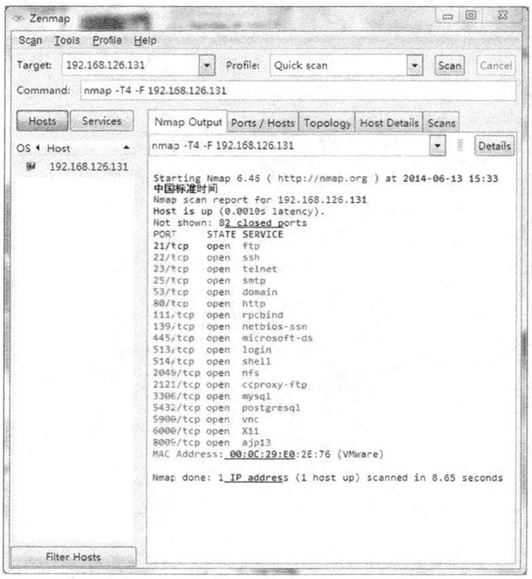

▲图 10.12　Quick scan 扫描模板

Quick scan plus

如图 10.13 所示，该扫描模板会探测服务版本和端口扫描。-sV 选项为探测服务版本，-T4 选项为野蛮扫描，-O 选项为探测系统，-F 选项为快速扫描，--version-light 选项为探测强度。

▲图 10.13　Quick scan plus 扫描模板

Quick traceroute

如图 10.14 所示，该扫描模板会追踪路由节点，-sn 选项为只单独进行主机发现，-traceroute 选项为追踪路由节点。

▲图 10.14　Quick traceroute 扫描模板

Regular scan

如图 10.15 所示，该模板不经常使用，读者可以自定义其中的参数完成扫描。

▲图 10.15 Regular scan 扫描模板

Slow comprehensive scan

如图 10.16 所示，该扫描模板是全面扫描，我们先看一下完整的语句“nmap -sS -sU -T4 -A -v -PE -PP -PS80,443 -PA3389 -PU40125 -PY -g 53 --script "default or (discovery and safe)" 192.168.126.128”，-sS 选项为隐蔽扫描，-sU 选项为 UDP 扫描。-T4 为野蛮扫描，-A 为全面扫描，-v 为显示相应信息，-PE、-PP 为使用 IP 协议包探测对方主机是否开启，-PS 为使用 TCPSYN/ACK 或 SCTP INIT/ECHO 方式进行发现，-PA 为 ACK 扫描，-PY 为进行一个 SCTP 初始 Ping，-g 为使用指定源端口，--script 为使用 NES 脚本。

10.4 Ports/Hosts 标签

如图 10.17 所示，Ports/Hosts 标签显示的是当前扫描到的端口、端口协议、端口状态、服务、端口详细信息，甚至端口服务版本也会显示出来。

▲图 10.16 Slow comprehensive scan 扫描模板

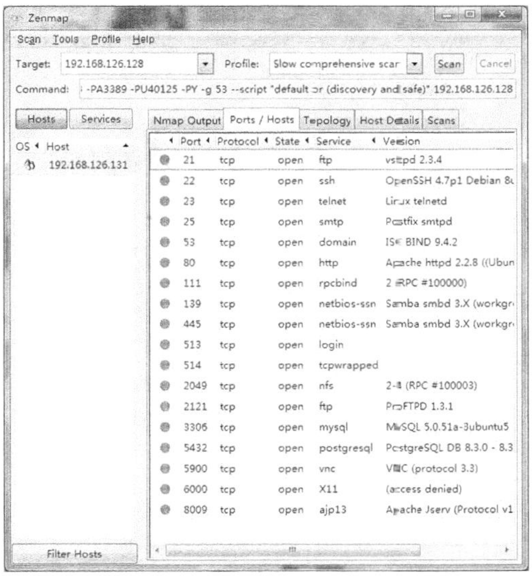

▲图 10.17 Ports/Hosts 标签

10.5 Topology 标签

如图 10.18 所示，当我们扫描一个及其以上目标的时候，在 Topology 标签中会看到关于扫描的目标与本机其他的目标的关系图。

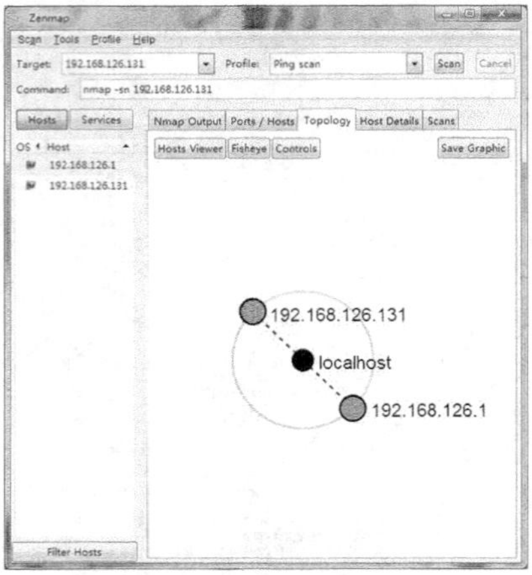

▲图 10.18　Topology 标签

10.6 Host Details 标签

如图 10.19 所示，Host Details 选项会显示目标较为详细的信息，包括 IPv4 地址、IPv6 地址、MAC 地址等。

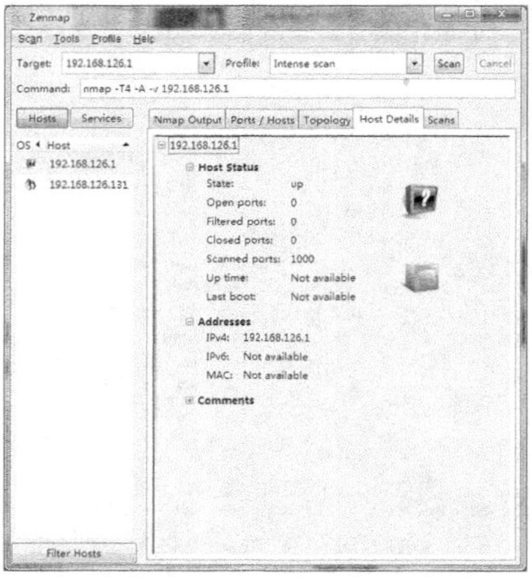

▲图 10.19　Host Details 标签

10.7 Scans 标签

如图 10.20 所示，Scans 标签会很详细列出我们使用过的命令，若我们忘记了刚才使用过的命令，可以在 Scans 再次进行查看。双击相应的命令可以看到扫描的结果。

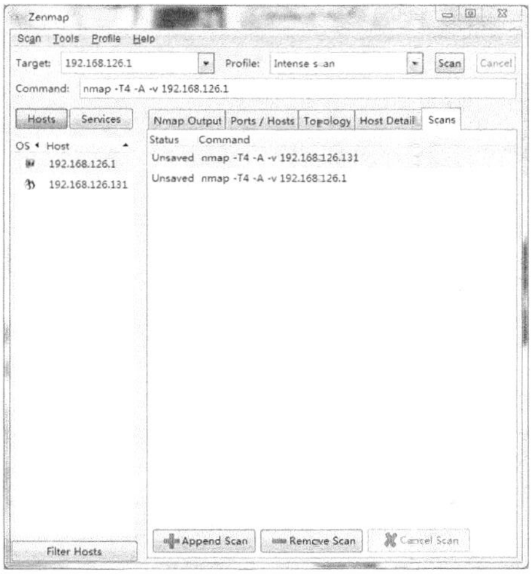

▲图 10.20　Scans 标签

10.8　编辑扫描模板

如图 10.21 所示，Zenmap 有很多自定义模板，我们可以对其中现有的模板进行编辑。点击 Profile 菜单选择“Edit Selected Profile”。

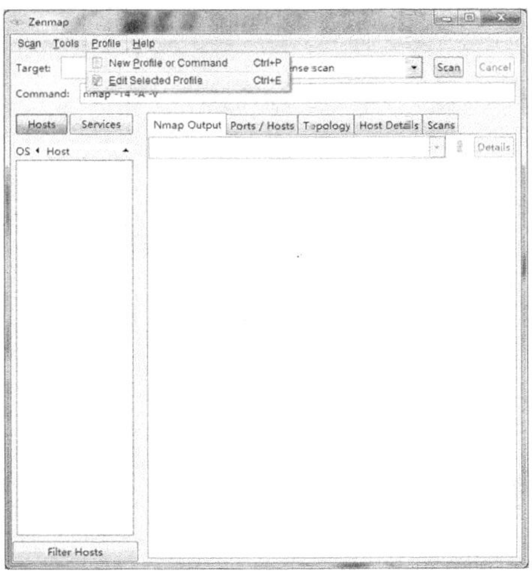

▲图 10.21　编辑扫描模板

如图 10.22 所示，在新打开的窗口的 Profile 标签中可以更改模板的名字。

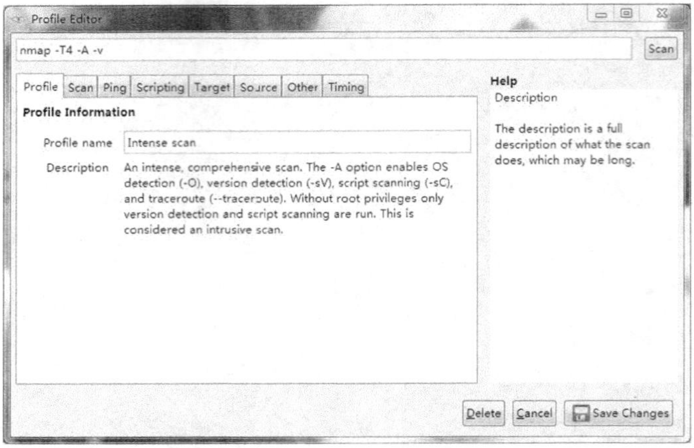

▲图 10.22　编辑模板名字

如图 10.23 所示，在 Scan、Ping、Scripting、Target、Source、Other、Timing 标签中，我们可以添加或删除一些选项，每个选项在右边的"Help"中都会显示对应的解释。在配置完成后点击"Save Changes"按钮保存更改就可以生效。

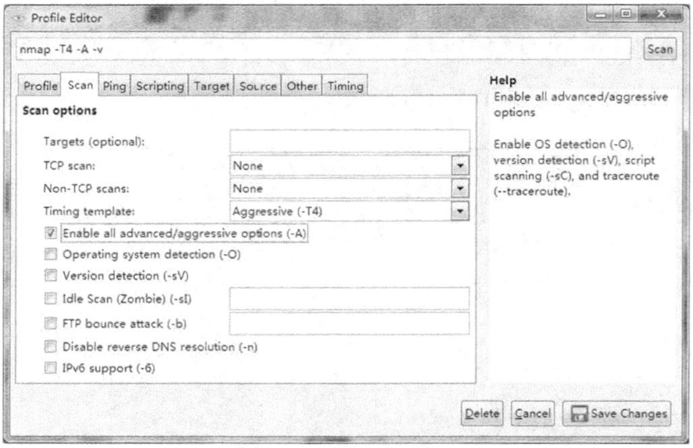

▲图 10.23　编辑扫描选项

10.9 新建扫描模板

如图 10.24 所示，在 Zenmap 主界面选择 Profile 菜单，再选择 New Profile or Command。

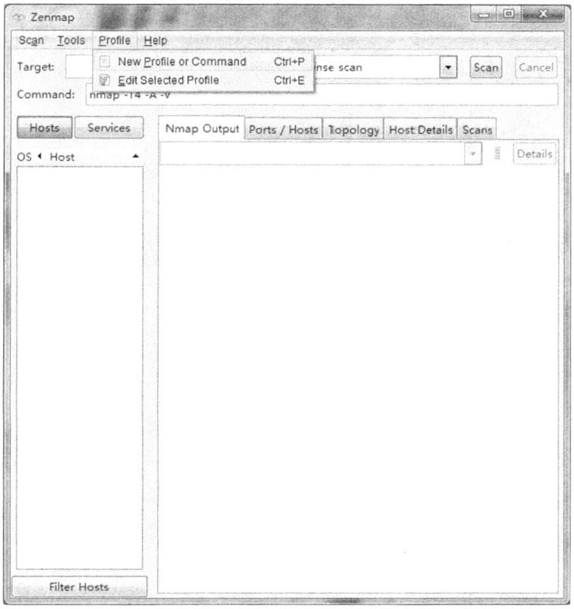

▲图 10.24 新建扫描模板

如图 10.25 所示，在新打开的窗口 Profile 选项中，我们为新建的模板起一个名字。

如图 10.26 所示，在 Scan、Ping、Scripting、Target、Source、Other、Timing 标签中，我们为新模板添加选项功能。

完成配置后，选择“Save Changes”保存模板。

如图 10.27 所示，在主界面的 Profile 中可以选择新建的模板进行使用。

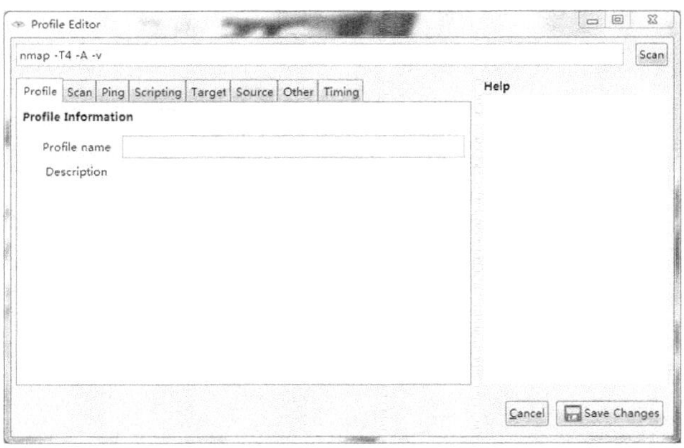

▲图 10.25 创建模板名字

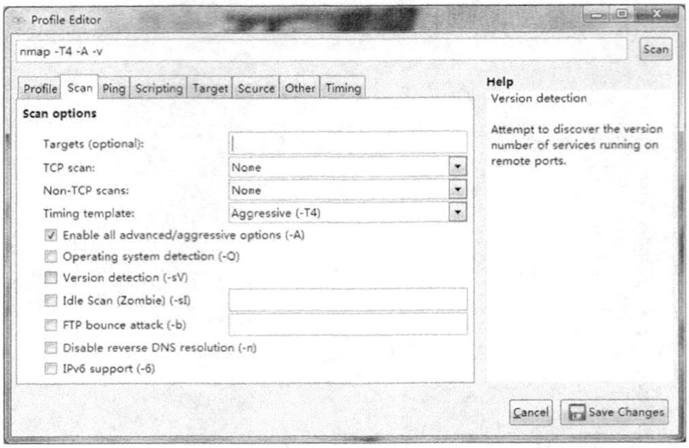

▲图 10.26　选择扫描选项

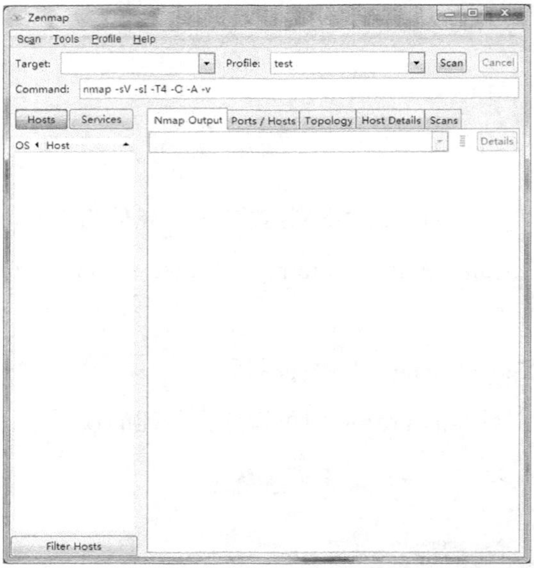

▲图 10.27　调用新建扫描模板

第 11 章　Nmap 技巧

本章知识点

- 发送以太网数据包
- 网络层发送
- 假定拥有所有权
- 在交互模式中启动
- 查看 Nmap 版本号
- 设置调试级别
- 跟踪发送接受的报文
- 列举接口和路由
- 指定网络接口
- 继续中断扫描
- Nmap 的分布式实现——Dnmap
- 编写 Nse 脚本
- 探测防火墙
- VMWare 认证破解

前面的章节已经较为全面地介绍了 Nmap 的基本用法以及高级技巧，本章节作为前面基本使用选项以及高级技巧选项的补充，介绍 Nmap 中并不经常使用但是却非常有用的选项。

本章选项

表 11.1 所示为本章节所需 Nmap 命令表，为方便读者查阅，笔者特此整理。

表 11.1　　本章所需选项

选　　项	解　　释
--send-eth	发送以太网数据包
--send-ip	网络层发送
--privileged	假定拥有所有权
--interactive	在交互模式中启动
-V	查看 Nmap 版本号
-d	设置调试级别
--packet-trace	跟踪发送接受的报文
--iflist	列举接口和路由
-e	指定网络接口
-oG	继续中断扫描
firewalk	探测防火墙
vmauthd-brute	VMWare 认证破解

11.1 发送以太网数据包

表 11.2 所示为本章节所需 Nmap 命令表，表中加粗命令为本小节所需命令——发送以太网数据包。

表 11.2　　本节所需命令

选　　项	解　　释
--send-eth	**发送以太网数据包**
--send-ip	网络层发送
--privileged	假定拥有所有权
--interactive	在交互模式中启动
-V	查看 Nmap 版本号
-d	设置调试级别
--packet-trace	跟踪发送接受的报文
--iflist	列举接口和路由
-e	指定网络接口
-oG	继续中断扫描
firewalk	探测防火墙
vmauthd-brute	VMWare 认证破解

--send-eth 选项用于发送以太网数据包，该选项会要求 Nmap 在数据链路层发送报文，而不是在网络层发送报文。需要注意的是，在 UNIX 中无论是否使用该选项，Nmap 都会使用原 IP 包。

```
root@Wing:~# nmap --send-eth 192.168.126.131

Starting Nmap 6.40 ( http://nmap.org ) at 2014-06-13 17:11 CST
Nmap scan report for 192.168.126.131
Host is up (0.00030s latency).
Not shown: 977 closed ports
PORT     STATE SERVICE
21/tcp   open  ftp
22/tcp   open  ssh
23/tcp   open  telnet
25/tcp   open  smtp
53/tcp   open  domain
80/tcp   open  http
111/tcp  open  rpcbind
139/tcp  open  netbios-ssn
445/tcp  open  microsoft-ds
512/tcp  open  exec
513/tcp  open  login
514/tcp  open  shell
1099/tcp open  rmiregistry
1524/tcp open  ingreslock
2049/tcp open  nfs
2121/tcp open  ccproxy-ftp
3306/tcp open  mysql
5432/tcp open  postgresql
5900/tcp open  vnc
6000/tcp open  X11
6667/tcp open  irc
8009/tcp open  ajp13
8180/tcp open  unknown
MAC Address: 00:0C:29:E0:2E:76 (VMware)

Nmap done: 1 IP address (1 host up) scanned in 0.16 seconds
root@Wing:~#
```

11.2 网络层发送

表 11.3 所示为本章节所需 Nmap 命令表，表中加粗命令为本小节所需命令——网络层发送。

表 11.3　　本节所需命令

选　　项	解　　释
--send-eth	发送以太网数据包
--send-ip	**网络层发送**
--privileged	假定拥有所有权
--interactive	在交互模式中启动
-V	查看 Nmap 版本号
-d	设置调试级别
--packet-trace	跟踪发送接受的报文
--iflist	列举接口和路由
-e	指定网络接口
-oG	继续中断扫描
firewalk	探测防火墙
vmauthd-brute	VMWare 认证破解

--send-ip 选项要求 Nmap 通过网络层发送报文，而不是在数据链路层发送报文，这个选项与--send-eth 选项在实际运用中互相补充。

```
root@Wing:~# nmap --send-ip 192.168.126.131

Starting Nmap 6.40 ( http://nmap.org ) at 2014-06-13 17:14 CST
Nmap scan report for 192.168.126.131
Host is up (0.00024s latency).
Not shown: 977 closed ports
PORT     STATE SERVICE
21/tcp   open  ftp
22/tcp   open  ssh
23/tcp   open  telnet
25/tcp   open  smtp
53/tcp   open  domain
80/tcp   open  http
111/tcp  open  rpcbind
139/tcp  open  netbios-ssn
445/tcp  open  microsoft-ds
512/tcp  open  exec
513/tcp  open  login
514/tcp  open  shell
1099/tcp open  rmiregistry
1524/tcp open  ingreslock
2049/tcp open  nfs
2121/tcp open  ccproxy-ftp
3306/tcp open  mysql
5432/tcp open  postgresql
```

```
5900/tcp open  vnc
6000/tcp open  X11
6667/tcp open  irc
8009/tcp open  ajp13
8180/tcp open  unknown
MAC Address: 00:0C:29:E0:2E:76 (VMware)

Nmap done: 1 IP address (1 host up) scanned in 0.16 seconds
root@Wing:~#
```

11.3 假定拥有所有权

表 11.4 所示为本章节所需 Nmap 命令表，表中加粗命令为本小节所需命令——假定拥有所有权。

表 11.4　　本节所需命令

选　项	解　释
--send-eth	发送以太网数据包
--send-ip	网络层发送
--privileged	**假定拥有所有权**
--interactive	在交互模式中启动
-V	查看 Nmap 版本号
-d	设置调试级别
--packet-trace	跟踪发送接受的报文
--iflist	列举接口和路由
-e	指定网络接口
-oG	继续中断扫描
firewalk	探测防火墙
vmauthd-brute	VMWare 认证破解

--privileged 选项要求 Nmap 假定其具有足够的权限进行源套接字包发送、报文捕获和类似 UNIX 系统中根用户操作的权限。默认状态下，如果由 getuid()请求的类似操作不为 0，Nmap 将退出。

--privileged 在具有 Linux 内核性能的类似系统中使用非常有效，这些系统配置允许非特权用户可以进行原报文扫描。需要明确的是，在其他选项之前使用这些需要权限的选项（SYN 扫描、操作系统检测等）。Nmap-PRIVILEGED 变量设置等价于--privileged 选项。

```
root@Wing:~# nmap --privileged 192.168.126.131

Starting Nmap 6.40 ( http://nmap.org ) at 2014-06-13 17:18 CST
Nmap scan report for 192.168.126.131
Host is up (0.00030s latency).
Not shown: 977 closed ports
PORT     STATE SERVICE
21/tcp   open  ftp
22/tcp   open  ssh
23/tcp   open  telnet
25/tcp   open  smtp
53/tcp   open  domain
80/tcp   open  http
111/tcp  open  rpcbind
139/tcp  open  netbios-ssn
445/tcp  open  microsoft-ds
512/tcp  open  exec
513/tcp  open  login
514/tcp  open  shell
1099/tcp open  rmiregistry
1524/tcp open  ingreslock
2049/tcp open  nfs
2121/tcp open  ccproxy-ftp
3306/tcp open  mysql
5432/tcp open  postgresql
5900/tcp open  vnc
6000/tcp open  X11
6667/tcp open  irc
8009/tcp open  ajp13
8180/tcp open  unknown
MAC Address: 00:0C:29:E0:2E:76 (VMware)

Nmap done: 1 IP address (1 host up) scanned in 0.15 seconds
root@Wing:~#
```

11.4 在交互模式中启动

表 11.5 所示为本章节所需 Nmap 命令表，表中加粗命令为本小节所需命令——在交互模式中启动。

表 11.5　　本节所需命令

选　项	解　释
--send-eth	发送以太网数据包
--send-ip	网络层发送
--privileged	假定拥有所有权

续表

选　项	解　释
--interactive	在交互模式中启动
-V	查看 Nmap 版本号
-d	设置调试级别
--packet-trace	跟踪发送接受的报文
--iflist	列举接口和路由
-e	指定网络接口
-oG	继续中断扫描
firewalk	探测防火墙
vmauthd-brute	VMWare 认证破解

--interactive 告诉 Nmap 在交互模式中启动，这时 Nmap 会提供交互模式，便于进行多个扫描。如果要使用这个选项，需要对 Shell 终端的命令足够熟悉。

```
root@Wing:~# nmap --interactive
Starting Nmap V. 6.40 ( http://nmap.org )
Welcome to Interactive Mode -- press h <enter> for help
nmap>
```

下面使用-T4 选项进行快速扫描。

```
nmap> n -T4 192.168.126.163
Interesting ports on 192.168.126.163:
Not shown: 98 closed ports
PORT STATE SERVICE
80/tcp open http
443/tcp open https
Nmap done: 1 IP address (1 host up) scanned in 0.69 seconds
```

11.5 查看 Nmap 版本号

表 11.6 所示为本章节所需 Nmap 命令表，表中加粗命令为本小节所需命令——查看 Nmap 版本号。

表 11.6　　本节所需命令

选　项	解　释
--send-eth	发送以太网数据包
--send-ip	网络层发送

续表

选　　项	解　　释
--privileged	假定拥有所有权
--interactive	在交互模式中启动
-V	**查看 Nmap 版本号**
-d	设置调试级别
--packet-trace	跟踪发送接受的报文
--iflist	列举接口和路由
-e	指定网络接口
-oG	继续中断扫描
firewalk	探测防火墙
vmauthd-brute	VMWare 认证破解

使用-V 选项或者 --version 选项查看 Nmap 的版本信息。

```
root@Wing:~# nmap -V

Nmap version 6.40 ( http://nmap.org )
Platform: i686-pc-linux-gnu
Compiled with: nmap-liblua-5.2.2 openssl-1.0.1e libpcre-8.30 libpcap-1.3.0 nmap-libdnet-1.12 ipv6
Compiled without:
Available nsock engines: epoll poll select
root@Wing:~#
```

11.6 设置调试级别

表 11.7 所示为本章节所需 Nmap 命令表，表中加粗命令为本小节所需命令——设置调试级别。

表 11.7　　本节所需命令

选　　项	解　　释
--send-eth	发送以太网数据包
--send-ip	网络层发送
--privileged	假定拥有所有权
--interactive	在交互模式中启动
-V	查看 Nmap 版本号

续表

选　　项	解　　释
-d	**设置调试级别**
--packet-trace	跟踪发送接受的报文
--iflist	列举接口和路由
-e	指定网络接口
-oG	继续中断扫描
firewalk	探测防火墙
vmauthd-brute	VMWare 认证破解

使用-d 选项设置调试级别。当详细模式也不能为我们提供充足的数据时，可以启用-d 选项，在-d 选项后面填入输入表示调试级别，可选有 1～9，-d 9 是最高阶别，这时候产生的数据会非常多。

```
root@Wing:~# nmap -d 1 192.168.126.131

Starting Nmap 6.40 ( http://nmap.org ) at 2014-06-13 17:30 CST
PORTS: Using top 1000 ports found open (TCP:1000, UDP:0, SCTP:0)
--------------- Timing report ---------------
  hostgroups: min 1, max 100000
  rtt-timeouts: init 1000, min 100, max 10000
  max-scan-delay: TCP 1000, UDP 1000, SCTP 1000
  parallelism: min 0, max 0
  max-retries: 10, host-timeout: 0
  min-rate: 0, max-rate: 0
---------------------------------------------
setup_target: failed to determine route to 1 (0.0.0.1)
Initiating ARP Ping Scan at 17:30
Scanning 192.168.126.131 [1 port]
Packet capture filter (device eth0): arp and arp[18:4] = 0x000C2996 and arp[22:2] = 0x752B
Completed ARP Ping Scan at 17:30, 0.00s elapsed (1 total hosts)
Overall sending rates: 350.14 packets / s, 14705.88 bytes / s.
mass_rdns: Using DNS server 192.168.126.2
Initiating Parallel DNS resolution of 1 host. at 17:30
mass_rdns: 0.02s 0/1 [#: 1, OK: 0, NX: 0, DR: 0, SF: 0, TR: 1]
Completed Parallel DNS resolution of 1 host. at 17:30, 0.02s elapsed
DNS resolution of 1 IPs took 0.02s. Mode: Async [#: 1, OK: 0, NX: 1, DR: 0, SF: 0, TR:
1, CN: 0]
Initiating SYN Stealth Scan at 17:30
Scanning 192.168.126.131 [1000 ports]
Packet capture filter (device eth0): dst host 192.168.126.130 and (icmp or icmp6 or ((tcp
or udp or sctp) and (src host 192.168.126.131)))
Discovered open port 80/tcp on 192.168.126.131
```

```
Discovered open port 53/tcp on 192.168.126.131
Discovered open port 25/tcp on 192.168.126.131
Discovered open port 3306/tcp on 192.168.126.131
…省略…
Discovered open port 6667/tcp on 192.168.126.131
Discovered open port 1524/tcp on 192.168.126.131
Discovered open port 6000/tcp on 192.168.126.131
Completed SYN Stealth Scan at 17:30, 0.07s elapsed (1000 total ports)
Overall sending rates: 13382.22 packets / s, 588817.81 bytes / s.
Nmap scan report for 192.168.126.131
Host is up, received arp-response (0.00035s latency).
Scanned at 2014-06-13 17:30:32 CST for 0s
Not shown: 977 closed ports
Reason: 977 resets
PORT     STATE SERVICE     REASON
21/tcp   open  ftp         syn-ack
22/tcp   open  ssh         syn-ack
23/tcp   open  telnet           syn-ack
25/tcp   open  smtp             syn-ack
53/tcp   open  domain           syn-ack
80/tcp   open  http             syn-ack
111/tcp  open  rpcbind          syn-ack
139/tcp  open  netbios-ssn      syn-ack
445/tcp  open  microsoft-ds     syn-ack
512/tcp  open  exec             syn-ack
513/tcp  open  login            syn-ack
514/tcp  open  shell            syn-ack
1099/tcp open  rmiregistry      syn-ack
1524/tcp open  ingreslock       syn-ack
2049/tcp open  nfs              syn-ack
2121/tcp open  ccproxy-ftp      syn-ack
3306/tcp open  mysql            syn-ack
5432/tcp open  postgresql       syn-ack
5900/tcp open  vnc              syn-ack
6000/tcp open  X11              syn-ack
6667/tcp open  irc              syn-ack
8009/tcp open  ajp13            syn-ack
8180/tcp open  unknown          syn-ack
MAC Address: 00:0C:29:E0:2E:76 (VMware)
Final times for host: srtt: 355 rttvar: 64  to: 100000

Read from /usr/bin/../share/nmap: nmap-mac-prefixes nmap-payloads nmap-services.
Nmap done: 1 IP address (1 host up) scanned in 0.17 seconds
         Raw packets sent: 1001 (44.028KB) | Rcvd: 1001 (40.120KB)
root@Wing:~#
```

11.7 跟踪发送接受的报文

表 11.8 所示为本章节所需 Nmap 命令表，表中加粗命令为本小节所需命令——跟踪发送接受的报文。

表 11.8 本节所需命令

选 项	解 释
--send-eth	发送以太网数据包
--send-ip	网络层发送
--privileged	假定拥有所有权
--interactive	在交互模式中启动
-V	查看 Nmap 版本号
-d	设置调试级别
--packet-trace	**跟踪发送接受的报文**
--iflist	列举接口和路由
-e	指定网络接口
-oG	继续中断扫描
firewalk	探测防火墙
vmauthd-brute	VMWare 认证破解

--packet-trace 选项经常用来调试，而不是实际运用到扫描网络，该选项会要求 Nmap 将接收到的每个报文打印出来。为了便于分析，可以使用-p 选项控制端口而产生少量的报文，便于我们分析。

```
root@Wing:~# nmap --packet-trace -p 20-30 192.168.126.131

Starting Nmap 6.40 ( http://nmap.org ) at 2014-06-13 17:34 CST
SENT (0.0586s) ARP who-has 192.168.126.131 tell 192.168.126.130
RCVD (0.0588s) ARP reply 192.168.126.131 is-at 00:0C:29:E0:2E:76
NSOCK INFO [0.0590s] nsi_new2(): nsi_new (IOD #1)
NSOCK INFO [0.0590s] nsock_connect_udp(): UDP connection requested to 192.168.126.2:53
(IOD #1) EID 8
NSOCK INFO [0.0590s] nsock_read(): Read request from IOD #1 [192.168.126.2:53] (timeout:
-1ms) EID 18
NSOCK INFO [0.0590s] nsock_trace_handler_callback(): Callback: CONNECT SUCCESS for EID
8 [192.168.126.2:53]
NSOCK INFO [0.0590s] nsock_trace_handler_callback(): Callback: WRITE SUCCESS for EID 27
[192.168.126.2:53]
```

```
NSOCK INFO [4.0610s] nsock_trace_handler_callback(): Callback: WRITE SUCCESS for EID 35
[192.168.126.2:53]
NSOCK INFO [4.0770s] nsock_trace_handler_callback(): Callback: READ SUCCESS for EID 18
[192.168.126.2:53] (81 bytes)
NSOCK INFO [4.0770s] nsock_read(): Read request from IOD #1 [192.168.126.2:53] (timeout:
-1ms) EID 42
NSOCK INFO [4.0770s] nsi_delete(): nsi_delete (IOD #1)
NSOCK INFO [4.0770s] msevent_cancel(): msevent_cancel on event #42 (type READ)
SENT (4.0794s) TCP 192.168.126.130:58690 > 192.168.126.131:23 S ttl=50 id=20236 iplen=44
seq=4147884221 win=1024 <mss 1460>
SENT (4.0802s) TCP 192.168.126.130:58690 > 192.168.126.131:21 S ttl=42 id=37211 iplen=44
seq=4147884221 win=1024 <mss 1460>
SENT (4.0808s) TCP 192.168.126.130:58690 > 192.168.126.131:25 S ttl=48 id=28839 iplen=44
seq=4147884221 win=1024 <mss 1460>
SENT (4.0814s) TCP 192.168.126.130:58690 > 192.168.126.131:22 S ttl=43 id=63745 iplen=44
seq=4147884221 win=1024 <mss 1460>
SENT (4.0820s) TCP 192.168.126.130:58690 > 192.168.126.131:20 S ttl=50 id=49669 iplen=44
seq=4147884221 win=1024 <mss 1460>
SENT (4.0825s) TCP 192.168.126.130:58690 > 192.168.126.131:24 S ttl=41 id=22347 iplen=44
seq=4147884221 win=1024 <mss 1460>
SENT (4.0831s) TCP 192.168.126.130:58690 > 192.168.126.131:30 S ttl=58 id=24619 iplen=44
seq=4147884221 win=1024 <mss 1460>
SENT (4.0836s) TCP 192.168.126.130:58690 > 192.168.126.131:26 S ttl=53 id=64810 iplen=44
seq=4147884221 win=1024 <mss 1460>
SENT (4.0842s) TCP 192.168.126.130:58690 > 192.168.126.131:29 S ttl=51 id=40683 iplen=44
seq=4147884221 win=1024 <mss 1460>
SENT (4.0848s) TCP 192.168.126.130:58690 > 192.168.126.131:27 S ttl=41 id=61656 iplen=44
seq=4147884221 win=1024 <mss 1460>
RCVD (4.0791s) TCP 192.168.126.131:23 > 192.168.126.130:58690 SA ttl=64 id=0 iplen=44
seq=2700394672 win=5840 <mss 1460>
RCVD (4.0797s) TCP 192.168.126.131:21 > 192.168.126.130:58690 SA ttl=64 id=0 iplen=44
seq=2705356047 win=5840 <mss 1460>
RCVD (4.0805s) TCP 192.168.126.131:25 > 192.168.126.130:58690 SA ttl=64 id=0 iplen=44
seq=2695721692 win=5840 <mss 1460>
RCVD (4.0811s) TCP 192.168.126.131:22 > 192.168.126.130:58690 SA ttl=64 id=0 iplen=44
seq=2696301698 win=5840 <mss 1460>
RCVD (4.0817s) TCP 192.168.126.131:20 > 192.168.126.130:58690 RA ttl=64 id=0 iplen=40
seq=0 win=0
RCVD (4.0823s) TCP 192.168.126.131:24 > 192.168.126.130:58690 RA ttl=64 id=0 iplen=40
seq=0 win=0
RCVD (4.0828s) TCP 192.168.126.131:30 > 192.168.126.130:58690 RA ttl=64 id=0 iplen=40
seq=0 win=0
RCVD (4.0834s) TCP 192.168.126.131:26 > 192.168.126.130:58690 RA ttl=64 id=0 iplen=40
seq=0 win=0
RCVD (4.0839s) TCP 192.168.126.131:29 > 192.168.126.130:58690 RA ttl=64 id=0 iplen=40
seq=0 win=0
RCVD (4.0846s) TCP 192.168.126.131:27 > 192.168.126.130:58690 RA ttl=64 id=0 iplen=40
seq=0 win=0
SENT (4.0867s) TCP 192.168.126.130:58690 > 192.168.126.131:28 S ttl=54 id=16933 iplen=44
seq=4147884221 win=1024 <mss 1460>
RCVD (4.0866s) TCP 192.168.126.131:28 > 192.168.126.130:58690 RA ttl=64 id=0 iplen=40
```

```
seq=0 win=0
Nmap scan report for 192.168.126.131
Host is up (0.00021s latency).
PORT   STATE  SERVICE
20/tcp closed ftp-data
21/tcp open   ftp
22/tcp open   ssh
23/tcp open   telnet
24/tcp closed priv-mail
25/tcp open   smtp
26/tcp closed rsftp
27/tcp closed nsw-fe
28/tcp closed unknown
29/tcp closed msg-icp
30/tcp closed unknown
MAC Address: 00:0C:29:E0:2E:76 (VMware)

Nmap done: 1 IP address (1 host up) scanned in 4.11 seconds
root@Wing:~#
```

11.8 列举接口和路由

表 11.9 所示为本章节所需 Nmap 命令表，表中加粗命令为本小节所需命令——列举接口和路由。

表 11.9　本节所需命令

选　项	解　释
--send-eth	发送以太网数据包
--send-ip	网络层发送
--privileged	假定拥有所有权
--interactive	在交互模式中启动
-V	查看 Nmap 版本号
-d	设置调试级别
--packet-trace	跟踪发送接受的报文
--iflist	**列举接口和路由**
-e	指定网络接口
-oG	继续中断扫描
firewalk	探测防火墙
vmauthd-brute	VMWare 认证破解

--iflist 选项会告诉 Nmap 打印出检测到的接口列表和路由，多用于调试路由。

```
root@Wing:~# nmap --iflist www.0day.co

Starting Nmap 6.40 ( http://nmap.org ) at 2014-06-13 17:36 CST
************************INTERFACES************************
DEV  (SHORT) IP/MASK                     TYPE     UP MTU   MAC
lo   (lo)    127.0.0.1/8                 loopback up 65536
lo   (lo)    ::1/128                    loopback up 65536
eth0 (eth0)  192.168.126.130/24           ethernet up 1500  00:0C:29:96:75:2B
eth0 (eth0)  fe80::20c:29ff:fe96:752b/64 ethernet up 1500  00:0C:29:96:75:2B

**************************ROUTES**************************
DST/MASK                  DEV  METRIC GATEWAY
192.168.126.0/24           eth0  0
0.0.0.0/0                  eth0  0     192.168.126.2
::1/128                    lo    0
fe80::20c:29ff:fe96:752b/128  lo    0
fe80::/64                  eth0  256
ff00::/8                   eth0  256

root@Wing:~#
```

11.9 指定网络接口

表 11.10 所示为本章节所需 Nmap 命令表，表中加粗命令为本小节所需命令——指定网络接口。

表 11.10　　本节所需命令

选　项	解　释
--send-eth	发送以太网数据包
--send-ip	网络层发送
--privileged	假定拥有所有权
--interactive	在交互模式中启动
-V	查看 Nmap 版本号
-d	设置调试级别
--packet-trace	跟踪发送接受的报文
--iflist	列举接口和路由
-e	**指定网络接口**
-oG	继续中断扫描
firewalk	探测防火墙
vmauthd-brute	VMWare 认证破解

-e 选项可以指定从哪个网络接口发送数据。我们先看一下网络接口。

```
root@Wing:~# ifconfig
eth0      Link encap:Ethernet  HWaddr 00:0c:29:96:75:2b
          inet addr:192.168.126.130  Bcast:192.168.126.255  Mask:255.255.255.0
          inet6 addr: fe80::20c:29ff:fe96:752b/64 Scope:Link
          UP BROADCAST RUNNING MULTICAST  MTU:1500  Metric:1
          RX packets:316840 errors:15 dropped:0 overruns:0 frame:0
          TX packets:374973 errors:0 dropped:0 overruns:0 carrier:0
          collisions:0 txqueuelen:1000
          RX bytes:93509186 (89.1 MiB)  TX bytes:33407506 (31.8 MiB)
          Interrupt:19 Base address:0x2000

lo        Link encap:Local Loopback
          inet addr:127.0.0.1  Mask:255.0.0.0
          inet6 addr: ::1/128 Scope:Host
          UP LOOPBACK RUNNING  MTU:65536  Metric:1
          RX packets:19013 errors:0 dropped:0 overruns:0 frame:0
          TX packets:19013 errors:0 dropped:0 overruns:0 carrier:0
          collisions:0 txqueuelen:0
          RX bytes:867762 (847.4 KiB)  TX bytes:867762 (847.4 KiB)

root@Wing:~#
```

我们指定从 eth0 发送数据。

```
root@Wing:~# nmap -e eth0 192.168.126.131

Starting Nmap 6.40 ( http://nmap.org ) at 2014-06-13 17:39 CST
Nmap scan report for 192.168.126.131
Host is up (0.00029s latency).
Not shown: 977 closed ports
PORT     STATE SERVICE
21/tcp   open  ftp
22/tcp   open  ssh
23/tcp   open  telnet
25/tcp   open  smtp
53/tcp   open  domain
80/tcp   open  http
111/tcp  open  rpcbind
139/tcp  open  netbios-ssn
445/tcp  open  microsoft-ds
512/tcp  open  exec
513/tcp  open  login
514/tcp  open  shell
1099/tcp open  rmiregistry
1524/tcp open  ingreslock
2049/tcp open  nfs
2121/tcp open  ccproxy-ftp
3306/tcp open  mysql
5432/tcp open  postgresql
5900/tcp open  vnc
```

```
6000/tcp open  X11
6667/tcp open  irc
8009/tcp open  ajp13
8180/tcp open  unknown
MAC Address: 00:0C:29:E0:2E:76 (VMware)

Nmap done: 1 IP address (1 host up) scanned in 0.15 seconds
root@Wing:~#
```

11.10 继续中断扫描

表 11.11 所示为本章节所需 Nmap 命令表，表中加粗命令为本小节所需命令——继续中断扫描。

表 11.11　　本节所需命令

选　　项	解　　释
--send-eth	发送以太网数据包
--send-ip	网络层发送
--privileged	假定拥有所有权
--interactive	在交互模式中启动
-V	查看 Nmap 版本号
-d	设置调试级别
--packet-trace	跟踪发送接受的报文
--iflist	列举接口和路由
-e	指定网络接口
-oG	**继续中断扫描**
firewalk	探测防火墙
vmauthd-brute	VMWare 认证破解

--resume 选项可以继续中断扫描，在使用 Nmap 扫描网络的时候可能会需要很长的时间，但是我们可能需要在多个时间段进行扫描，或者由于其他的原因导致网络中断时，我们可以使用--resume 选项继续扫描，但必须配合-oN 选项或者-oG 选项使用。

我们使用-oG 将扫描结果保存为 TXT，然后在扫描过程中按下 Ctrl+C 终端扫描。

```
root@Wing:~# nmap -oG 1.txt -v 192.168.126.1/24

Starting Nmap 6.40 ( http://nmap.org ) at 2014-06-13 17:54 CST
Initiating ARP Ping Scan at 17:54
Scanning 255 hosts [1 port/host]
```

```
Completed ARP Ping Scan at 17:54, 1.95s elapsed (255 total hosts)
Initiating Parallel DNS resolution of 255 hosts. at 17:54
Completed Parallel DNS resolution of 255 hosts. at 17:54, 0.03s elapsed
Nmap scan report for 192.168.126.0 [host down]
Nmap scan report for 192.168.126.3 [host down]
Nmap scan report for 192.168.126.4 [host down]
Nmap scan report for 192.168.126.5 [host down]
Nmap scan report for 192.168.126.6 [host down]
…省略…
Nmap scan report for 192.168.126.251 [host down]
Nmap scan report for 192.168.126.252 [host down]
Nmap scan report for 192.168.126.253 [host down]
Nmap scan report for 192.168.126.255 [host down]
Initiating Parallel DNS resolution of 1 host. at 17:54
Completed Parallel DNS resolution of 1 host. at 17:54, 0.02s elapsed
Initiating SYN Stealth Scan at 17:54
Scanning 4 hosts [1000 ports/host]
Discovered open port 21/tcp on 192.168.126.131
Discovered open port 3306/tcp on 192.168.126.131
Discovered open port 80/tcp on 192.168.126.131
Discovered open port 22/tcp on 192.168.126.131
Discovered open port 25/tcp on 192.168.126.131
Discovered open port 111/tcp on 192.168.126.131
Discovered open port 23/tcp on 192.168.126.131
Discovered open port 5900/tcp on 192.168.126.131
Discovered open port 139/tcp on 192.168.126.131
Discovered open port 53/tcp on 192.168.126.131
Discovered open port 445/tcp on 192.168.126.131
Discovered open port 6000/tcp on 192.168.126.131
Discovered open port 53/tcp on 192.168.126.2
Discovered open port 8180/tcp on 192.168.126.131
Discovered open port 6667/tcp on 192.168.126.131
Discovered open port 1524/tcp on 192.168.126.131
Discovered open port 8009/tcp on 192.168.126.131
Discovered open port 2049/tcp on 192.168.126.131
Discovered open port 5432/tcp on 192.168.126.131
Discovered open port 512/tcp on 192.168.126.131
Discovered open port 1099/tcp on 192.168.126.131
Discovered open port 2121/tcp on 192.168.126.131
Discovered open port 514/tcp on 192.168.126.131
Discovered open port 513/tcp on 192.168.126.131
Completed SYN Stealth Scan against 192.168.126.2 in 0.17s (3 hosts left)
Completed SYN Stealth Scan against 192.168.126.131 in 0.17s (2 hosts left)

root@Wing:~#
```

我们使用--resume 选项继续扫描。

```
root@Wing:~# nmap --resume 1.txt

Starting Nmap 6.40 ( http://nmap.org ) at 2014-06-13 17:54 CST
Initiating ARP Ping Scan at 17:54
```

```
Scanning 2 hosts [1 port/host]
Completed ARP Ping Scan at 17:54, 0.20s elapsed (2 total hosts)
Initiating Parallel DNS resolution of 2 hosts. at 17:54
Completed Parallel DNS resolution of 2 hosts. at 17:54, 0.02s elapsed
Nmap scan report for 192.168.126.255 [host down]
Initiating SYN Stealth Scan at 17:54
Scanning 192.168.126.254 [1000 ports]
Completed SYN Stealth Scan at 17:54, 21.24s elapsed (1000 total ports)
Nmap scan report for 192.168.126.254
Host is up (0.000090s latency).
All 1000 scanned ports on 192.168.126.254 are filtered
MAC Address: 00:50:56:FC:2E:96 (VMware)

Read data files from: /usr/bin/../share/nmap
Nmap done: 2 IP addresses (1 host up) scanned in 21.54 seconds
         Raw packets sent: 2003 (88.084KB) | Rcvd: 1 (28B)
root@Wing:~#
```

可以看到 Nmap 继续扫描，扫描完成后将结果保存为 1.txt。

11.11 Nmap 的分布式实现——Dnmap

Dnmap 是一款基于 Nmap 的分布式框架，使用客户端/服务端架构，服务器接收命令并发送至客户端进行 Nmap 安全扫描，扫描完毕后，客户端返回扫描结果。

首先我们先在 sourceforge 网站下载 Dnmap。

```
root@Wing:/home/dnmap# wget http://sourceforge/projects/dnmap/files/dnmap_v0.6.tgz
--2014-06-13 18:07:04--  http://sourceforge/projects/dnmap/files/dnmap_v0.6.tgz
…省略…
100%[======================================>] 12,609      2.67K/s 用时 29s

2014-06-13 18:07:39 (434 B/s) - 已保存 “dnmap_v0.6.tgz” [12609/12609])

root@Wing:/home/dnmap#
解压压缩包。
root@Wing:/home/dnmap/dnmap_v0.6# ./dnmap_server.py
+----------------------------------------------------------------------+
| dnmap_server Version 0.6                                             |
| This program is free software; you can redistribute it and/or modify |
| it under the terms of the GNU General Public License as published by |
| the Free Software Foundation; either version 2 of the License, or    |
| (at your option) any later version.                                  |
|                                                                      |
| Author: Garcia Sebastian, eldraco@gmail.com                          |
| www.mateslab.com.ar                                                  |
+----------------------------------------------------------------------+
```

```
usage: ./dnmap_server.py <options>
options:
  -f, --nmap-commands       Nmap commands file
  -p, --port       TCP port where we listen for conrections.
  -L, --log-file       Log file. Defaults to /var/lcg/dnmap_server.conf.
  -l, --log-level       Log level. Defaults to info.
  -v, --verbose_level       Verbose level. Give a number between 1 and 5. Defaults to 1.
Level 0 means be quiet.
  -t, --client-timeout       How many time should we wait before marking a client Offline.
We still remember its values just in case it cames back.
  -s, --sort       Field to sort the statical value. You can choose from: Alias, #Commands,
UpTime, RunCmdXMin, AvrCmdXMin, Status
  -P, --pem-file       pem file to use for TLS connection. By default we use the server.pem
file provided with the server in the current directory.

dnmap_server uses a '<nmap-commands-file-name>.dnmaptrace' file to know where it must
continue reading the nmap commands file. If you want to start over again,
just delete the '<nmap-commands-file-name>.dnmaptrace' file

root@Wing:/home/dnmap/dnmap_v0.6#
```

新建一个文件，里面写入我们需要扫描的命令，每行一条，如下所示。

```
nmap -sS -p22 192.168.84.0/24 -v -n -oA 192.168.84.0
nmap -sS -p22 192.168.126.0/24 -v -n -oA 192.168.126.0
nmap -sS -p22 192.168.3.0/24 -v -n -oA 192.168.4.0
nmap -sP -p22 192.168.3.0/24 -v -n -oA 192.168.4.0
nmap -sS --top-ports 100 192.168.3.3 -v -n -oA 192.168.3.3.top100
nmap -sS --top-ports 100 192.168.3.4 -v -n -oA 192.168.3.4.top100
nmap -sS --top-ports 100 192.168.3.5 -v -n -oA 192.168.3.5.top100
```

启动 Dnmap 服务。-f 选项指定我们的命令文件。

```
root@Wing:/home/dnmap/dnmap_v0.6# ./dnmap_server.py -f /home/test
+----------------------------------------------------------------------+
| dnmap_server Version 0.6                                             |
| This program is free software; you can redistribute it and/or modify |
| it under the terms of the GNU General Public License as published by |
| the Free Software Foundation; either version 2 of the License, or    |
| (at your option) any later version.                                  |
|                                                                      |
| Author: Garcia Sebastian, eldraco@gmail.com                          |
| www.mateslab.com.ar                                                  |
+----------------------------------------------------------------------+

=| MET:0:00:00.000735 | Amount of Online clients: 0 |=
=| MET:0:00:05.006164 | Amount of Online clients: 0 |=
=| MET:0:00:10.005340 | Amount of Online clients: 0 |=
```

重新打开一个终端，让 Dnmap 链接服务器。

```
root@Wing:/home/dnmap/dnmap_v0.6# ./dnmap_client.py -s 192.168.126.130 -a test
+----------------------------------------------------------------------+
| dnmap Client Version 0.6                                             |
| This program is free software; you can redistribute it and/or modify |
| it under the terms of the GNU General Public License as published by |
| the Free Software Foundation; either version 2 of the License, or    |
| (at your option) any later version.                                  |
|                                                                      |
| Author: Garcia Sebastian, eldraco@gmail.com                          |
| www.mateslab.com.ar                                                  |
+----------------------------------------------------------------------+

Client Started...
Nmap output files stored in 'nmap_output' directory...
Starting connection...
Client connected succesfully...
Waiting for more commands....
     Command Executed: nmap -sS -p22 192.168.84.0/24 -v -n -oA 192.168.84.0
     Sending output to the server...
Waiting for more commands....
```

这时两个 Dnmap 的窗口数据会不断滚动直到扫描完成。

在 nmap_output 文件夹下面有 Dnmap 保存的扫描结果。

```
root@Wing:/home/dnmap/dnmap_v0.6/nmap_output# ls
192.168.126.0.gnmap        192.168.3.4.top100.gnmap    192.168.4.0.gnmap
192.168.126.0.nmap         192.168.3.4.top100.nmap     192.168.4.0.nmap
192.168.126.0.xml          192.168.3.4.top100.xml      192.168.4.0.xml
192.168.3.3.top100.gnmap   192.168.3.5.top100.gnmap    192.168.84.0.gnmap
192.168.3.3.top100.nmap    192.168.3.5.top100.nmap     192.168.84.0.nmap
192.168.3.3.top100.xml     192.168.3.5.top100.xml      192.168.84.0.xml
root@Wing:/home/dnmap/dnmap_v0.6/nmap_output#
```

11.12 编写 Nse 脚本

Nse 脚本的强大之处在之前的章节已经展示过了，Nmap 提供了强大的 API，结合 LUA 编程语言可以简单并高效地开发出适用于各种情况的 NES 脚本。本小节将结合我们的需求实例开发一个 Nse 脚本。

编写 NES 脚本需要有 LUA 编程语言基础或者相关的编程经验。首先我们先了解一下 Nse 的注释。

```
-- The scanning module --
```

注释是以“--”为起始的。

```
-- The scanning module --
author = "Wing"
categories = {"version"}

portrule = function(host, port)
   return port.protocol == "tcp" and port.number == 80 and port.state == "open"
end

action = function(host, port)
   return "Found!!!"
end
```

使用该 Nse 脚本的时候，当发现 80 端口处于 open 状态时会提示“Found!!!”，在本段代码定义了 TCP 协议、80 端口、端口状态为 open。

我们尝试着扫描一下。

```
root@kali:~# nmap -p80 --script found80 192.168.1.100-120

Starting Nmap 6.46 ( http://nmap.org ) at 2014-10-17 20:14 CST
Nmap scan report for 192.168.1.100
Host is up (0.00070s latency).
PORT   STATE    SERVICE
80/tcp filtered http

Nmap scan report for 192.168.1.101
Host is up (0.00093s latency).
PORT   STATE    SERVICE
80/tcp filtered http

…省略…

Nmap scan report for 192.168.1.110
Host is up (0.0012s latency).
PORT   STATE SERVICE
80/tcp open  http
|_found80: Found!!!

Nmap scan report for 192.168.1.111
Host is up (0.00024s latency).
PORT   STATE    SERVICE
80/tcp filtered http

Nmap scan report for 192.168.1.112
Host is up (0.00020s latency).
PORT   STATE    SERVICE
```

```
80/tcp filtered http

Nmap scan report for 192.168.1.113
Host is up (0.00066s latency).
PORT   STATE    SERVICE
80/tcp filtered http

Nmap scan report for 192.168.1.114
Host is up (0.00045s latency).
PORT   STATE    SERVICE
80/tcp filtered http

Nmap scan report for 192.168.1.115
Host is up (0.00028s latency).
PORT   STATE    SERVICE
80/tcp filtered http

Nmap scan report for 192.168.1.116
Host is up (0.00018s latency).
PORT   STATE    SERVICE
80/tcp filtered http

Nmap scan report for 192.168.1.117
Host is up (0.00026s latency).
PORT   STATE    SERVICE
80/tcp filtered http

Nmap scan report for 192.168.1.118
Host is up (0.00021s latency).
PORT   STATE    SERVICE
80/tcp filtered http

Nmap scan report for 192.168.1.119
Host is up (0.00019s latency).
PORT   STATE    SERVICE
80/tcp filtered http

Nmap scan report for 192.168.1.120
Host is up (0.00022s latency).
PORT   STATE    SERVICE
80/tcp filtered http

Nmap done: 21 IP addresses (21 hosts up) scanned in 3.63 seconds
root@kali:~#
```

发现了 IP 192.168.1.110 开放了 80 端口，并出现了“Found!!!”提示。

```
-- The scanning module --
author = "Wing"
categories = {"version"}
```

```
local comm=require "comm"
require "shortport"
local http=require "http"

portrule = function(host,port)
          return (port.number == 80) and (port.state=="open")
       end

action = function(host,port)
       local uri = "/admin.php"
       local response = http.get(host, port, uri)
       return "Found!!!"
End
```

该脚本会寻找包含“admin.php”的 URL，当发现后返回“Found!!!”告知用户。我们使用该脚本对一个 IP 段进行扫描。

```
root@kali:~# nmap -p80 --script scanadmin 192.168.1.100-120

Starting Nmap 6.46 ( http://nmap.org ) at 2014-10-17 20:21 CST
Nmap scan report for 192.168.1.100
Host is up (0.00090s latency).
PORT   STATE    SERVICE
80/tcp filtered http

Nmap scan report for 192.168.1.101
Host is up (0.00085s latency).
PORT   STATE    SERVICE
80/tcp filtered http

Nmap scan report for 192.168.1.103
Host is up (0.0040s latency).
PORT   STATE    SERVICE
80/tcp filtered http

Nmap scan report for 192.168.1.110
Host is up (0.00046s latency).
PORT   STATE    SERVICE
80/tcp open  http
|_scanadmin: Found!!!

Nmap scan report for 192.168.1.120
Host is up (0.00039s latency).
PORT   STATE    SERVICE
80/tcp filtered http

Nmap done: 21 IP addresses (5 hosts up) scanned in 44.42 seconds
root@kali:~#
```

发现了 IP 192.168.1.110 开放 80 端口并存在 admin.php。

11.13 探测防火墙

表 11.12 所示为本章节所需 Nmap 命令表，表中加粗命令为本小节所需命令——探测防火墙。

表 11.12　　本节所需命令

选　项	解　释
--send-eth	发送以太网数据包
--send-ip	网络层发送
--privileged	假定拥有所有权
--interactive	在交互模式中启动
-V	查看 Nmap 版本号
-d	设置调试级别
--packet-trace	跟踪发送接受的报文
--iflist	列举接口和路由
-e	指定网络接口
-oG	继续中断扫描
firewalk	**探测防火墙**
vmauthd-brute	VMWare 认证破解

在 Nmap 的 firewalk 脚本通过发送一个请求并分析 TTL 值，可以探测防火的规则。

操作步骤

使用命令“nmap --script=firewalk --traceroute 目标”即可对目标服务器的防火墙规则进行探测。

```
root@Wing:~# nmap --script=firewalk --traceroute 192.168.121.1

Starting Nmap 6.47 ( http://nmap.org ) at 2015-06-28 21:22 CST
Nmap scan report for 192.168.121.1
Host is up (0.68s latency).
Not shown: 987 closed ports
PORT      STATE    SERVICE
135/tcp   open     msrpc
139/tcp   open     netbios-ssn
445/tcp   open     microsoft-ds
```

```
514/tcp   filtered shell
843/tcp   open     unknown
902/tcp   open     iss-realsecure
912/tcp   open     apex-mesh
7000/tcp  cpen     afs3-fileserver
8000/tcp  cpen     http-alt
49152/tcp open     unknown
49153/tcp open     unknown
49155/tcp open     unknown
49157/tcp open     unknown

Host script results:
| firewalk:
| HOP  HOST          PROTOCOL  BLOCKED PORTS
|_1   192.168.239.2  tcp       514

TRACEROUTE (using port 8888/tcp)
HOP RTT     ADDRESS
1   9.34 ms 192.168.239.2
2   3.52 ms 192.168.121.1

Nmap done: 1 IP address (1 host up) scanned in 146.12 seconds
root@Wing:~#
```

分析

从以上输出的信息可以得知目标主机阻止了 192.168.239.2 的访问，阻止的 TCP 协议端口为 514 的数据。

11.14 VMWare 认证破解

表 11.13 所示为本章节所需 Nmap 命令表，表中加粗命令为本小节所需命令——VMWare 认证破解。

表 11.13　　本节所需命令

选　项	解　释
--send-eth	发送以太网数据包
--send-ip	网络层发送
--privileged	假定拥有所有权
--interactive	在交互模式中启动
-V	查看 Nmap 版本号
-d	设置调试级别

续表

选　　项	解　　释
--packet-trace	跟踪发送接受的报文
--iflist	列举接口和路由
-e	指定网络接口
-oG	继续中断扫描
firewalk	探测防火墙
vmauthd-brute	**VMWare 认证破解**

VMware（中文名“威睿”，纽约证券交易所代码：VMW）虚拟机软件，是全球桌面到数据中心虚拟化解决方案的领导厂商。Nmap 中的 vmauthd-brute 脚本可以破解安装虚拟机系统的用户名与密码。

操作步骤

使用命令“nmap -p 902 --script vmauthd-brute 目标”进行破解。

```
root@Wing:~# nmap -p 902 --script vmauthd-brute 192.168.121.1

Starting Nmap 6.47 ( http://nmap.org ) at 2015-06-28 21:32 CST
Nmap scan report for 192.168.121.1
Host is up (0.0011s latency).
PORT    STATE SERVICE
902/tcp open  iss-realsecure
| vmauthd-brute:
|   Accounts
|     root:root - Valid credentials
|   Statistics
|_    Performed 1247 guesses in 604 seconds, average tps: 2

Nmap done: 1 IP address (1 host up) scanned in 603.79 seconds
root@Wing:~#
```

分析

从以上信息可以得知脚本成功破解了一个账号信息，账号与密码均是 root。

第 12 章　Nmap 保存和输出

本章知识点

- 保存和输出
- 标准保存
- XML 保存
- 133t 保存
- Grep 保存
- 保存到所有格式
- 补充保存文件
- 转换 XML 保存
- 忽略 XML 声明的 XSL 样式表

通过前面章节的学习，相信读者已经可以非常灵活地对 Nmap 进行操控，但我们还缺少一部分重要的知识——保存，前面章节已经可以将结果输出到屏幕上，本章节将介绍如何将输出的结果保存到本地。

本章选项

表 12.1 所示为本章节所需 Nmap 命令表，为方便读者查阅，笔者特此整理。

表 12.1　　本章所需选项

选　　项	解　　释
-oN	标准保存
-oX	XML 保存
-oS	133t 保存
-oG	Grep 保存

续表

选　　项	解　　释
-oA	保存到所有格式
--append-output	补充保存文件
-oX	转换 XML 保存
-oX	忽略 XML 声明的 XSL 样式表

12.1 保存和输出

Nmap 提供了数据输出，也提供了数据保存，Nmap 提供的数据保存方式有很多种，其中，XML 格式最方便软件调用处理或者查看。

除了提供保存格式外，Nmap 还提供了选项来控制保存的细节以及调试信息。保存内容可发送给标准保存或命名文件，可以追加或覆盖。保存文件还可被用于继续中断的扫描。

Nmap 提供了 5 种不同的保存格式，默认方式是 interactive output，发送给标准保存（stdout）。normal output 方式类似于 interactive，但显示较少的运行时间信息和告警信息，这是由于这些信息是在扫描完全结束后用于分析，而不是交互式的。

交互式保存是默认方式，没有相应的命令行选项，其他 4 种格式选项使用相同的语法，采用一个参数，即存放结果的文件名。多种格式可同时使用，但一种格式只能使用一次。例如，在标准保存用于查看的同时，可将结果保存到 XML 文件用于程序分析。

12.2 标准保存

表 12.2 所示为本章节所需 Nmap 命令表，表中加粗命令为本小节所需命令——标准保存。

表 12.2　本节所需命令

选　　项	解　　释
-oN	**标准保存**
-oX	XML 保存
-oS	133t 保存
-oG	Grep 保存
-oA	保存到所有格式

续表

选　　项	解　　释
--append-output	补充保存文件
-oX	转换 XML 保存
-oX	忽略 XML 声明的 XSL 样式表

使用-oN 选项可以要求 Nmap 将标准保存到指定文件。

```
root@Wing:~# nmap -F -oN test1.txt 192.168.126.131

Starting Nmap 6.40 ( http://nmap.org ) at 2014-06-13 18:37 CST
Nmap scan report for 192.168.126.131
Host is up (0.00019s latency).
Not shown: 82 closed ports
PORT     STATE SERVICE
21/tcp   open  ftp
22/tcp   open  ssh
23/tcp   open  telnet
25/tcp   open  smtp
53/tcp   open  domain
80/tcp   open  http
111/tcp  open  rpcbind
139/tcp  open  netbios-ssn
445/tcp  open  microsoft-ds
513/tcp  open  login
514/tcp  open  shell
2049/tcp open  nfs
2121/tcp open  ccproxy-ftp
3306/tcp open  mysql
5432/tcp open  postgresql
5900/tcp open  vnc
6000/tcp open  X11
8009/tcp open  ajp13
MAC Address: 00:0C:29:E0:2E:76 (VMware)

Nmap done: 1 IP address (1 host up) scanned in 0.11 seconds
root@Wing:~#
```

将结果保存为 test1.txt 的同时 Nmap 也将结果打印出来。下面查看一下 test1.txt 文件。

```
root@Wing:~# cat test1.txt
# Nmap 6.40 scan initiated Fri Jun 13 18:37:50 2014 as: nmap -F -oN test1.txt 192.168.126.131
Nmap scan report for 192.168.126.131
Host is up (0.00019s latency).
Not shown: 82 closed ports
PORT     STATE SERVICE
21/tcp   open  ftp
22/tcp   open  ssh
```

```
23/tcp   open  telnet
25/tcp   open  smtp
53/tcp   open  domain
80/tcp   open  http
111/tcp  open  rpcbind
139/tcp  open  netbios-ssn
445/tcp  open  microsoft-ds
513/tcp  open  login
514/tcp  open  shell
2049/tcp open  nfs
2121/tcp open  ccproxy-ftp
3306/tcp open  mysql
5432/tcp open  postgresql
5900/tcp open  vnc
6000/tcp open  X11
8009/tcp open  ajp13
MAC Address: 00:0C:29:E0:2E:76 (VMware)

# Nmap done at Fri Jun 13 18:37:50 2014 -- 1 IP address (1 host up) scanned in 0.11 seconds
root@Wing:~#
```

保存的结果与 Nmap 即时打印出的结果是相同的。

12.3 XML 保存

表 12.3 所示为本章节所需 Nmap 命令表，表中加粗命令为本小节所需命令——XML 保存。

-oX 选项可以将结果保存到指定 XML 文件。XML 格式可以在 Windows、Linux、Mac OS 等多种系统下进行数据交换、储存，这极大地使 Nmap 的扫描结果可以更好地被查看或者调用。

表 12.3　　本节所需命令

选　　项	解　　释
-oN	标准保存
-oX	**XML 保存**
-oS	133t 保存
-oG	Grep 保存
-oA	保存到所有格式
--append-output	补充保存文件
-oX	转换 XML 保存
-oX	忽略 XML 声明的 XSL 样式表

XML 保存引用了一个 XSL 样式表，用于格式化保存结果，类似于 HTML，最方便的方法

是将 XML 保存加载到一个 Web 浏览器，如 Firefox 或 IE。

```
root@Wing:~# nmap -F -oX test1.xml 192.168.126.131

Starting Nmap 6.40 ( http://nmap.org ) at 2014-06-13 18:48 CST
Nmap scan report for 192.168.126.131
Host is up (0.00046s latency).
Not shown: 82 closed ports
PORT     STATE SERVICE
21/tcp   open  ftp
22/tcp   open  ssh
23/tcp   open  telnet
25/tcp   open  smtp
53/tcp   open  domain
80/tcp   open  http
111/tcp  open  rpcbind
139/tcp  open  netbios-ssn
445/tcp  open  microsoft-ds
513/tcp  open  login
514/tcp  open  shell
2049/tcp open  nfs
2121/tcp open  ccproxy-ftp
3306/tcp open  mysql
5432/tcp open  postgresql
5900/tcp open  vnc
6000/tcp open  X11
8009/tcp open  ajp13
MAC Address: 00:0C:29:E0:2E:76 (VMware)

Nmap done: 1 IP address (1 host up) scanned in 0.17 seconds
root@Wing:~#
```

用 cat 命令是无法直接查看的。

```
root@Wing:~# cat test1.xml
<?xml version="1.0"?>
<?xml-stylesheet href="file:///usr/bin/../share/nmap/nmap.xsl" type="text/xsl"?>
<!-- Nmap 6.40 scan initiated Fri Jun 13 18:48:23 2014 as: nmap -F -oX test1.xml
192.168.126.131 -->
<nmaprun scanner="nmap" args="nmap -F -oX test1.xml 192.168.126.131" start="1402656503"
startstr="Fri Jun 13 18:48:23 2014" version="6.40" xmloutputversion="1.04">
<scaninfo type="syn" protocol="tcp" numservices="100" services="7,9,13,21-23,25-26,37,
53,79-81,88,106,110-111,113,119,135,139,143-144,179,199,389,427,443-445,465,513-515,5
43-544,548,554,587,631,646,873,990,993,995,1025-1029,1110,1433,1720,1723,1755,1900,20
00-2001,2049,2121,2717,3000,3128,3306,3389,3986,4899,5000,5009,5051,5060,5101,5190,53
57,5432,5631,5666,5800,5900,6000-6001,6646,7070,8000,8008-8009,8080-8081,8443,8888,91
00,9999-10000,32768,49152-49157"/>
…省略…
<runstats><finished time="1402656503" timestr="Fri Jun 13 18:48:23 2014" elapsed="0.17"
summary="Nmap done at Fri Jun 13 18:48:23 2014; 1 IP address (1 host up) scanned in 0.17
```

```
seconds" exit="success"/><hosts up="1" down="0" total="1"/>
</runstats>
</nmaprun>
root@Wing:~#
```

一般 XML 文件多用作其他程序调用，如果要打开 XML 则需要用其他程序打开。

12.4 133t 保存

表 12.4 所示为本章节所需 Nmap 命令表，表中加粗命令为本小节所需命令——133t 保存。

表 12.4　　本节所需命令

选　　项	解　　释
-oN	标准保存
-oX	XML 保存
-oS	**133t 保存**
-oG	Grep 保存
-oA	保存到所有格式
--append-output	补充保存文件
-oX	转换 XML 保存
-oX	忽略 XML 声明的 XSL 样式表

使用-oS 使 Nmap 将结果按 133t 方式保存。

```
root@Wing:~# nmap -F -oS test2.txt 192.168.126.131

Starting Nmap 6.40 ( http://nmap.org ) at 2014-06-13 18:56 CST
Nmap scan report for 192.168.126.131
Host is up (0.00040s latency).
Not shown: 82 closed ports
PORT     STATE SERVICE
21/tcp   open  ftp
22/tcp   open  ssh
23/tcp   open  telnet
25/tcp   open  smtp
53/tcp   open  domain
80/tcp   open  http
111/tcp  open  rpcbind
139/tcp  open  netbios-ssn
445/tcp  open  microsoft-ds
513/tcp  open  login
514/tcp  open  shell
2049/tcp open  nfs
```

```
2121/tcp open  ccproxy-ftp
3306/tcp open  mysql
5432/tcp open  postgresql
5900/tcp open  vnc
6000/tcp open  X11
8009/tcp open  ajp13
MAC Address: 00:0C:29:E0:2E:76 (VMware)

Nmap done: 1 IP address (1 host up) scanned in 0.14 seconds
root@Wing:~#
```

查看一下 test2.txt 文件。

```
root@Wing:~# cat test2.txt

$tartING NMap 6.40 ( Http://nMaP.0Rg ) at 2014-06-13 18:56 CsT
Nmap $Can rep0rT for 192.168.126.131
h0st Iz uP (0.00040z latency).
NOt $h0wN: 82 Clo$3d p0rtS
poRT     STATe $3rV|C3
21/tcp   0P3n  FtP
22/Tcp   open  ssh
23/TcP   0PEn  t3lNEt
25/tcp   open  $mTP
53/tcp   0peN  doma1N
80/tcp   OPEn  http
111/tcp  0pen  rpcbiNd
139/Tcp  0peN  n3TB!os-$sn
445/tcp  open  miCro$0ft-dz
513/Tcp  opEn  l0g|n
514/tCp  0p3N  sh3ll
2049/tcp open  nfs
2121/tcp 0p3n  CcpR0xy-ftp
3306/tCp 0pEn  mysql
5432/tcp 0p3N  poSTgre$ql
5900/tcP oP3n  vnc
6000/tcp 0p3n  X11
8009/tcP open  AJp13
M4C address: 00:0C:29:30:2E:76 (VMWare)

NmAp d0n3: 1 IP addrE$z (1 hO$t up) $cann3d |N 0.14 $3condz
root@Wing:~#
```

12.5 Grep 保存

表 12.5 所示为本章节所需 Nmap 命令表，表中加粗命令为本小节所需命令——Grep 保存。

表 12.5 本节所需命令

选 项	解 释
-oN	标准保存
-oX	XML 保存
-oS	133t 保存
-oG	**Grep 保存**
-oA	保存到所有格式
--append-output	补充保存文件
-oX	转换 XML 保存
-oX	忽略 XML 声明的 XSL 样式表

使用-oG 选项可使 Nmap 将结果 Grep 保存。这种保存方式不推荐使用，但是这种方式却很常用。

```
root@Wing:~# nmap -F -oG test3.txt 192.168.126.131

Starting Nmap 6.40 ( http://nmap.org ) at 2014-06-13 19:01 CST
Nmap scan report for 192.168.126.131
Host is up (0.00027s latency).
Not shown: 82 closed ports
PORT     STATE SERVICE
21/tcp   open  ftp
22/tcp   open  ssh
23/tcp   open  telnet
25/tcp   open  smtp
53/tcp   open  domain
80/tcp   open  http
111/tcp  open  rpcbind
139/tcp  open  netbios-ssn
445/tcp  open  microsoft-ds
513/tcp  open  login
514/tcp  open  shell
2049/tcp open  nfs
2121/tcp open  ccproxy-ftp
3306/tcp open  mysql
5432/tcp open  postgresql
5900/tcp open  vnc
6000/tcp open  X11
8009/tcp open  ajp13
MAC Address: 00:0C:29:E0:2E:76 (VMware)

Nmap done: 1 IP address (1 host up) scanned in 0.09 seconds
root@Wing:~#
```

查看一下 test3.txt 文件。

```
root@Wing:~# cat  test3.txt
# Nmap 6.40 scan initiated Fri Jun 13 19:01:49 2014 as: nmap -F -oG test3.txt 192.168.126.131
Host: 192.168.126.131 ()  Status: Up
Host: 192.168.126.131 ()  Ports: 21/open/tcp//ftp///, 22/open/tcp//ssh///, 23/open/tcp
//telnet///, 25/open/tcp//smtp///, 53/open/tcp//domain///, 80/open/tcp//http///, 111/
open/tcp//rpcbind///, 139/open/tcp//netbios-ssn///, 445/open/tcp//microsoft-ds///, 513/
open/tcp//login///,  514/open/tcp//shell///,  2049/open/tcp//nfs///,  2121/open/tcp//
ccproxy-ftp///, 3306/open/tcp//mysql///, 5432/open/tcp//postgresql///, 5900/open/tcp//
vnc///, 6000/open/tcp//X11///, 8009/open/tcp//ajp13///    Ignored State: closed (82)
# Nmap done at Fri Jun 13 19:01:49 2014 -- 1 IP address (1 host up) scanned in 0.09 seconds
root@Wing:~#
```

这种输出方式往往不适用于继续中断扫描，不推荐用这种方式进行保存。

12.6 保存到所有格式

表 12.6 所示为本章节所需 Nmap 命令表，表中加粗命令为本小节所需命令——保存到所有格式。

表 12.6　本节所需命令

选　项	解　释
-oN	标准保存
-oX	XML 保存
-oS	133t 保存
-oG	Grep 保存
-oA	**保存到所有格式**
--append-output	补充保存文件
-oX	转换 XML 保存
-oX	忽略 XML 声明的 XSL 样式表

-oA 可将扫描结果以标准格式、XML 格式和 Grep 格式一次性保存，分别存放在 <名字>.nmap，<名字>.xml 和 <名字>.gnmap 文件中。

```
root@Wing:~# nmap -F -oA testA 192.168.126.131

Starting Nmap 6.40 ( http://nmap.org ) at 2014-06-13 19:07 CST
Nmap scan report for 192.168.126.131
Host is up (0.00029s latency).
Not shown: 82 closed ports
PORT     STATE SERVICE
21/tcp   open  ftp
```

```
22/tcp   open  ssh
23/tcp   open  telnet
25/tcp   open  smtp
53/tcp   open  domain
80/tcp   open  http
111/tcp  open  rpcbind
139/tcp  open  netbios-ssn
445/tcp  open  microsoft-ds
513/tcp  open  login
514/tcp  open  shell
2049/tcp open  nfs
2121/tcp open  ccproxy-ftp
3306/tcp open  mysql
5432/tcp open  postgresql
5900/tcp open  vnc
6000/tcp open  X11
8009/tcp open  ajp13
MAC Address: 00:0C:29:E0:2E:76 (VMware)

Nmap done: 1 IP address (1 host up) scanned in 0.11 seconds
root@Wing:~#
```

下面查看一下这 3 个文件。

```
root@Wing:~# ls -l testA.*
-rw-r--r-- 1 root root  725  6月 13 19:07 testA.gnmap
-rw-r--r-- 1 root root  735  6月 13 19:07 testA.nmap
-rw-r--r-- 1 root root 4130  6月 13 19:07 testA.xml
root@Wing:~#
```

12.7 补充保存文件

表 12.7 所示为本章节所需 Nmap 命令表，表中加粗命令为本小节所需命令——补充保存文件。

表 12.7　　本节所需命令

选　项	解　释
-oN	标准保存
-oX	XML 保存
-oS	133t 保存
-oG	Grep 保存
-oA	保存到所有格式
--append-output	**补充保存文件**

续表

选　项	解　释
-oX	转换 XML 保存
-oX	忽略 XML 声明的 XSL 样式表

--append-output 可以补充保存文件，当使用前面的选项保存一个文件，需要在原有数据后面追加新数据的时候可以使用该选项，但这对于 XML 保存格式来说是不支持的，如需追加需要手工更改文件内容。

```
root@Wing:~# nmap -F --append-output -oN test1.txt 192.168.126.1

Starting Nmap 6.40 ( http://nmap.org ) at 2014-06-13 19:14 CST
Nmap scan report for 192.168.126.1
Host is up (0.00032s latency).
All 100 scanned ports on 192.168.126.1 are filtered
MAC Address: 00:50:56:C0:00:08 (VMware)

Nmap done: 1 IP address (1 host up) scanned in 3.15 seconds
root@Wing:~#
```

查看一下 test1.txt 文件。

```
root@Wing:~# cat test1.txt
# Nmap 6.40 scan initiated Fri Jun 13 18:37:50 2014 as: nmap -F -oN test1.txt 192.168.126.131
Nmap scan report for 192.168.126.131
Host is up (0.00019s latency).
Not shown: 82 closed ports
PORT     STATE SERVICE
21/tcp   open  ftp
22/tcp   open  ssh
23/tcp   open  telnet
…省略…
5432/tcp open  postgresql
5900/tcp open  vnc
6000/tcp open  X11
8009/tcp open  ajp13
MAC Address: 00:0C:29:E0:2E:76 (VMware)

# Nmap done at Fri Jun 13 18:37:50 2014 -- 1 IP address (1 host up) scanned in 0.11 seconds
# Nmap 6.40 scan initiated Fri Jun 13 19:14:23 2014 as: nmap --append-output -oN test1.txt
192.168.126.1
# Nmap 6.40 scan initiated Fri Jun 13 19:14:45 2014 as: nmap -F --append-output -oN test1.txt
192.168.126.1
Nmap scan report for 192.168.126.1
Host is up (0.00032s latency).
All 100 scanned ports on 192.168.126.1 are filtered
MAC Address: 00:50:56:C0:00:08 (VMware)
```

```
# Nmap done at Fri Jun 13 19:14:48 2014 -- 1 IP address (1 host up) scanned in 3.15 seconds
root@Wing:~#
```

12.8 转换 XML 保存

表 12.8 所示为本章节所需 Nmap 命令表，表中加粗命令为本小节所需命令——转换 XML 保存。

表 12.8　　本节所需命令

选　项	解　释
-oN	标准保存
-oX	XML 保存
-oS	133t 保存
-oG	Grep 保存
-oA	保存到所有格式
--append-output	补充保存文件
-oX	**转换 XML 保存**
-oX	忽略 XML 声明的 XSL 样式表

--stylesheet 可以将 XSL 样式表转换为 XML 保存，例如您有一个样式表 http://www.0day.co/nmap.xsl，就可以使用该选项将 XSL 样式表转换为 XML 并保存，如果目标是一个本地的地址，也可以用绝对路径或者相对路径来表示这个 XSL 文件并进行转换。下面的例子就使用了本地的 XSL 样式表转换为 XML。

```
root@Wing:~# nmap -F -oX testB.xml --stylesheet http://www.insecure.org/nmap/data/
nmap.xsl 192.168.126.131

Starting Nmap 6.40 ( http://nmap.org ) at 2014-06-13 19:24 CST
Nmap scan report for 192.168.126.131
Host is up (0.00018s latency).
Not shown: 82 closed ports
PORT     STATE SERVICE
21/tcp   open  ftp
22/tcp   open  ssh
23/tcp   open  telnet
25/tcp   open  smtp
53/tcp   open  domain
80/tcp   open  http
111/tcp  open  rpcbind
```

```
139/tcp  open  netbios-ssn
445/tcp  open  microsoft-ds
513/tcp  open  login
514/tcp  open  shell
2049/tcp open  nfs
2121/tcp open  ccproxy-ftp
3306/tcp open  mysql
5432/tcp open  postgresql
5900/tcp open  vnc
6000/tcp open  X11
8009/tcp open  ajp13
MAC Address: 00:0C:29:E0:2E:76 (VMware)

Nmap done: 1 IP address (1 host up) scanned in 0.10 seconds
root@Wing:~#
```

12.9 忽略 XML 声明的 XSL 样式表

表 12.9 所示为本章节所需 Nmap 命令表，表中加粗命令为本小节所需命令——忽略 XML 声明的 XSL 样式表。

表 12.9　　本节所需命令

选　项	解　释
-oN	标准保存
-oX	XML 保存
-oS	133t 保存
-oG	Grep 保存
-oA	保存到所有格式
--append-output	补充保存文件
-oX	转换 XML 保存
-oX	**忽略 XML 声明的 XSL 样式表**

--no-stylesheet 选项禁止 Nmap 的 XML 保存关联任何 XSL 样式表。

```
root@Wing:~# nmap -oX testC.xml --no-stylesheet 192.168.126.131

Starting Nmap 6.40 ( http://nmap.org ) at 2014-06-13 19:27 CST
Nmap scan report for 192.168.126.131
Host is up (0.00024s latency).
Not shown: 977 closed ports
PORT     STATE SERVICE
21/tcp   open  ftp
```

```
22/tcp   open  ssh
23/tcp   open  telnet
25/tcp   open  smtp
53/tcp   open  domain
80/tcp   open  http
111/tcp  open  rpcbind
139/tcp  open  netbios-ssn
445/tcp  open  microsoft-ds
512/tcp  open  exec
513/tcp  open  login
514/tcp  open  shell
1099/tcp open  rmiregistry
1524/tcp open  ingreslock
2049/tcp open  nfs
2121/tcp open  ccproxy-ftp
3306/tcp open  mysql
5432/tcp open  postgresql
5900/tcp open  vnc
6000/tcp open  X11
6667/tcp open  irc
8009/tcp open  ajp13
8180/tcp open  unknown
MAC Address: 00:0C:29:E0:2E:76 (VMware)

Nmap done: 1 IP address (1 host up) scanned in 0.14 seconds
root@Wing:~#
```

笔记栏

笔记栏